2026 전면 개정판
전기응용 및 공사재료

공학박사 김상훈 편저 / 한빛전기수험연구회 감수

전기공사기사·전기공사산업기사 완벽 대비
필기 CBT 최적화 문제 구성

편저 **김상훈**

건국대학교 전기공학과 졸업(공학박사)
現 엔지니어랩 전기분야 대표강사
現 ㈜일렉킴에듀 대표
現 대한전기학회 이사(정회원)
前 인하공업전문대학 교수
前 NCS 전기분야 집필진
前 J, E사 전기기사 대표강사
前 김상훈전기기술학원 원장
前 EBS 전기(산업)기사/전기공사(산업)기사 교수
前 한국조명설비학회 이사(정회원)

저서 : 「2026 회로이론」 외 기본서 시리즈 7종
　　　「2026 전기기사 필기」 외 3종
　　　「2026 전기기사 실기」 외 3종
　　　「파이널 특강 – 전기기사 필기」 외 5종
　　　「2026 전기기사 필기 7개년 기출문제집」 외 1종
　　　「2026 9급 공무원 전기직 전기이론」 외 5종
　　　「2026 고등학교 교과서 전기설비」
　　　공기업 전기직 파이널 특강

감수 **한빛전기수험연구회**

동영상 강좌 수강
엔지니어랩 https://www.engineerlab.co.kr

2026 전기응용 및 공사재료

초판 발행　　　2019년 12월 01일
26년 개정판 발행　2025년 10월 01일

편저자 김상훈
펴낸이 배용석
펴낸곳 도서출판 윤조
전화 050-5369-8829 / **팩스** 02-6716-1989
등록 2019년 4월 17일
ISBN 979-11-94702-09-2　13560
정가 18,000원

이 책에 대한 의견이나 오탈자 및 잘못된 내용에 대한 수정 정보는 아래 홈페이지와 이메일로 알려주시기 바랍니다.
홈페이지 www.yoonjo.co.kr / **이메일** customer@yoonjo.co.kr

이 책의 저작권은 김상훈과 도서출판 윤조에게 있습니다.
저작권법에 의해 보호를 받는 저작물이므로 무단 복제 및 무단 전재를 금합니다.

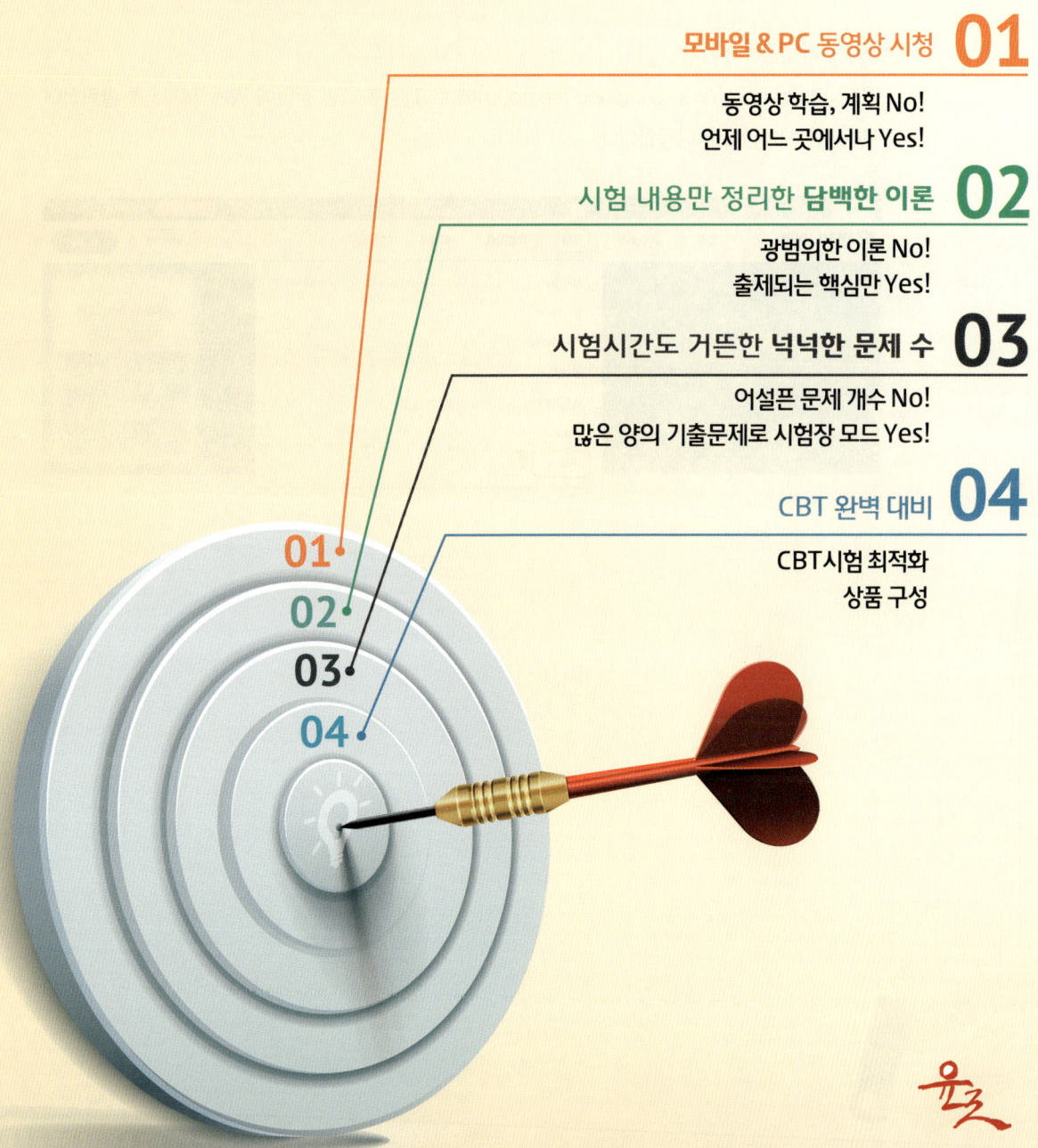

CBT 모의고사 안내

| CBT 모의고사 혜택 받는 방법 |

① 교재 구매 인증하러 가기

엔지니어랩(https://www.engineerlab.co.kr)에 로그인 후 화면 상단에 있는 「교재」를 클릭하여 구매인증 게시판으로 이동합니다.

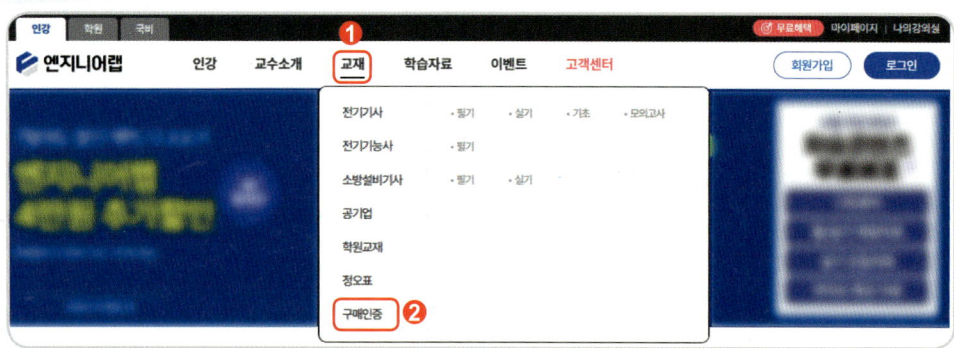

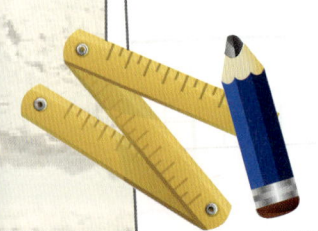

❷ 구매 인증 후 CBT 모의고사 받기

화면에 있는 「구매인증」을 클릭 후 증빙자료를 업로드합니다. 교재 구매 이력 인증 후 CBT 모의고사 2회분을 받으실 수 있습니다.

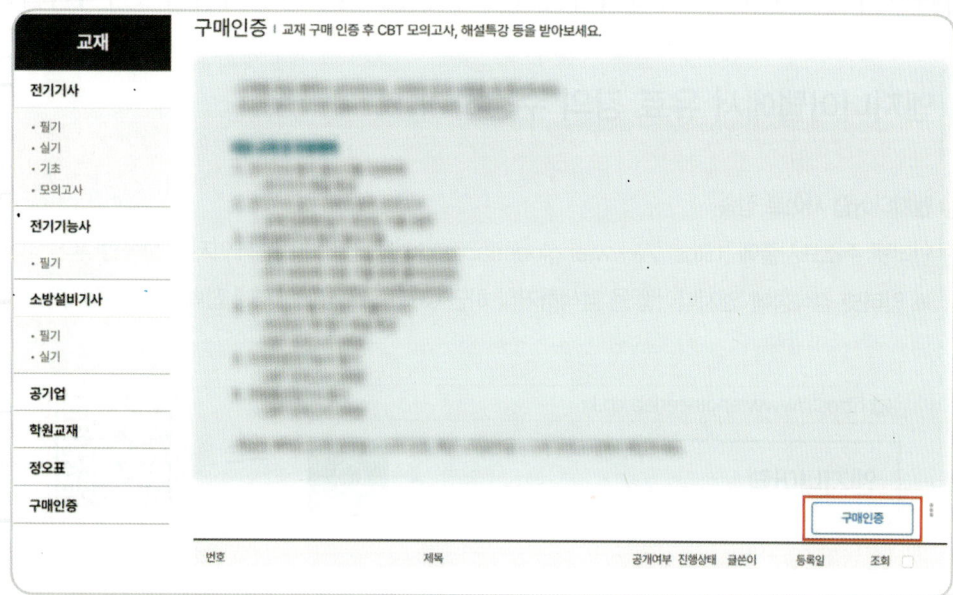

❸ 나의 강의실에서 CBT 모의고사 응시하기

CBT 모의고사는 「나의 모의고사」에서 확인 가능합니다. 화면 우측 상단에 있는 「나의 강의실」을 클릭하시면 화면 좌측에 「나의 모의고사」가 있습니다.

유료 강의 수강 안내

| 엔지니어랩에서 유료 강의 수강하기 |

❶ 엔지니어랩 사이트 접속

인터넷 주소표시줄에 [https://www.engineerlab.co.kr]을 입력하여 홈페이지에 접속합니다.

※ 인터넷 검색창에 '엔지니어랩'을 검색하거나 하단 QR코드로 홈페이지에 접속할 수 있습니다.

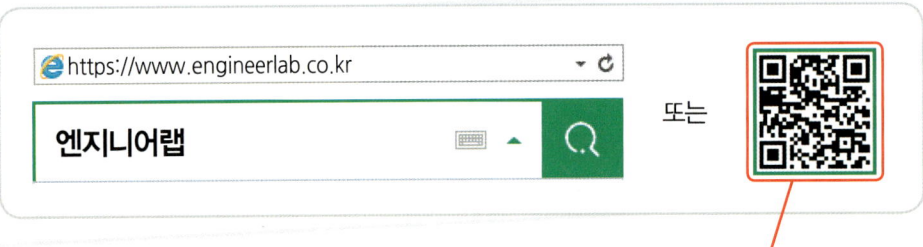

❷ 회원가입 (로그인)

화면 우측 상단에 있는 「회원가입」을 클릭하여 가입 후 「로그인」합니다.

❸ 인강 수강하기

화면 좌측 상단에 있는 「인강」을 클릭 후 원하는 과정을 선택하고 나에게 맞는 상품을 선택하여 수강신청합니다.

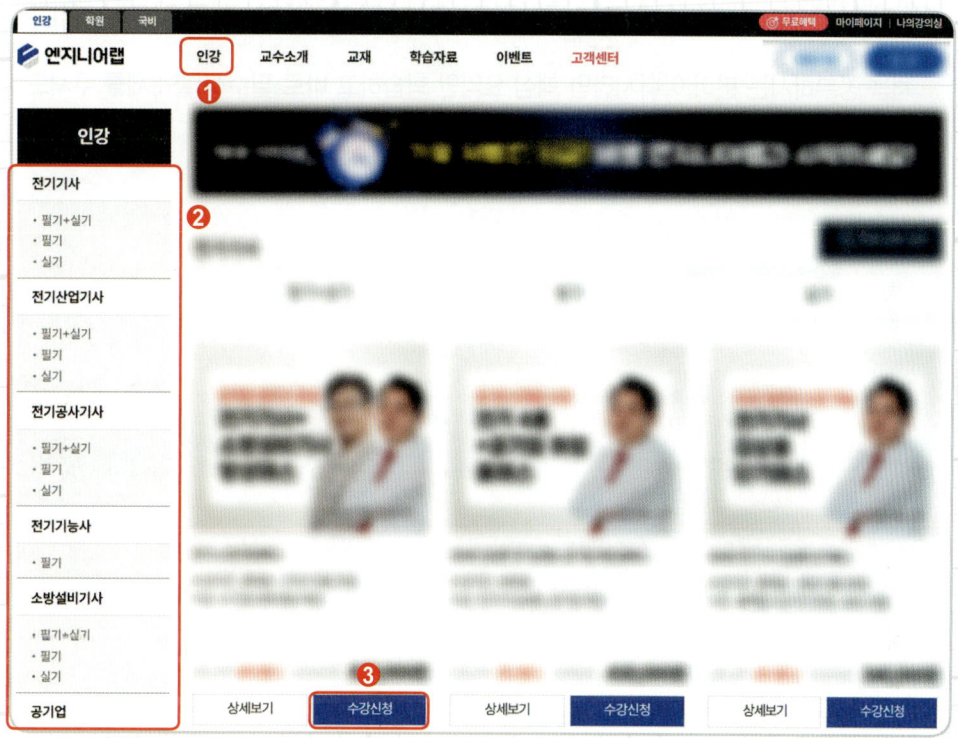

❹ 쿠폰 적용 및 결제

구매하시려는 상품과 금액을 확인하시고 최종 결제 전 잊으신 할인 혜택은 없는지 다시 한번 꼭 확인해주세요.

※ 엔지니어랩에서는 환승 할인, 대학생 할인, 내일배움카드 소지 할인 등 다양한 할인혜택을 제공하고 있으며, 자세한 내용은 「맞춤할인 혜택 확인하기」 참고 부탁드립니다.

이 책의 학습 방법

1. 각 장의 이론 마지막에 필수 이론만 정리하여 별도 수록하였습니다.

- 처음 공부하시는 분이 아니시라면 핵심 요약만 학습하고 바로 필수 기출문제를 푸셔도 됩니다.
- 시험 직전에 핵심 이론을 다시 공부하시는 것도 좋습니다.

이론 요약

1. 내적 및 외적
   ① 내적(dot) : $A \cdot B = |A||B|\cos\theta$ (두 벡터의 사잇각)
   $(i \cdot i = j \cdot j = k \cdot k = 1,\ i \cdot j = j \cdot k = k \cdot i = 0)$
   ② 외적(cross) : $A \times B = |A||B|\sin\theta$
   $(i \times i = j \times j = k \times k = 0,\ i \times j = k,\ j \times k = i,\ k \times i = j)$

2. 벡터의 미분연산자
   $\nabla = grad = \dfrac{\partial}{\partial x}i + \dfrac{\partial}{\partial y}j + \dfrac{\partial}{\partial z}k$
   cf) 전위경도 $grad\ V = \dfrac{\partial V}{\partial x}i + \dfrac{\partial V}{\partial y}j + \dfrac{\partial V}{\partial z}k$

3. 벡터의 발산 및 회전

2. CBT 필기시험 대비 필수 기출문제

- 최근 출제경향을 고려하여 꼭 나올만한 문제들만 추려서 수록하여 학습부담을 줄였습니다.
- 시험장에 가시기 전에 꼭 풀어보세요.

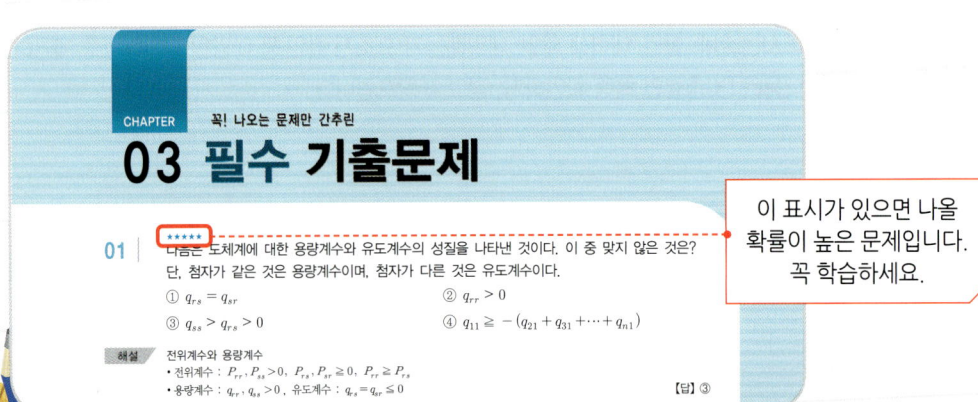

3. 국내 유일 실시간 강의 유튜브 김상훈 TV

- 목표는 오직 좀 더 많은 수험생들의 합격!
- 국내 유일의 유튜브 실시간 Live 강의(유튜브 김상훈 TV 검색)
- 합격 설명회, 실기, 필기, 공무원 등 다양한 콘텐츠 무료 시청

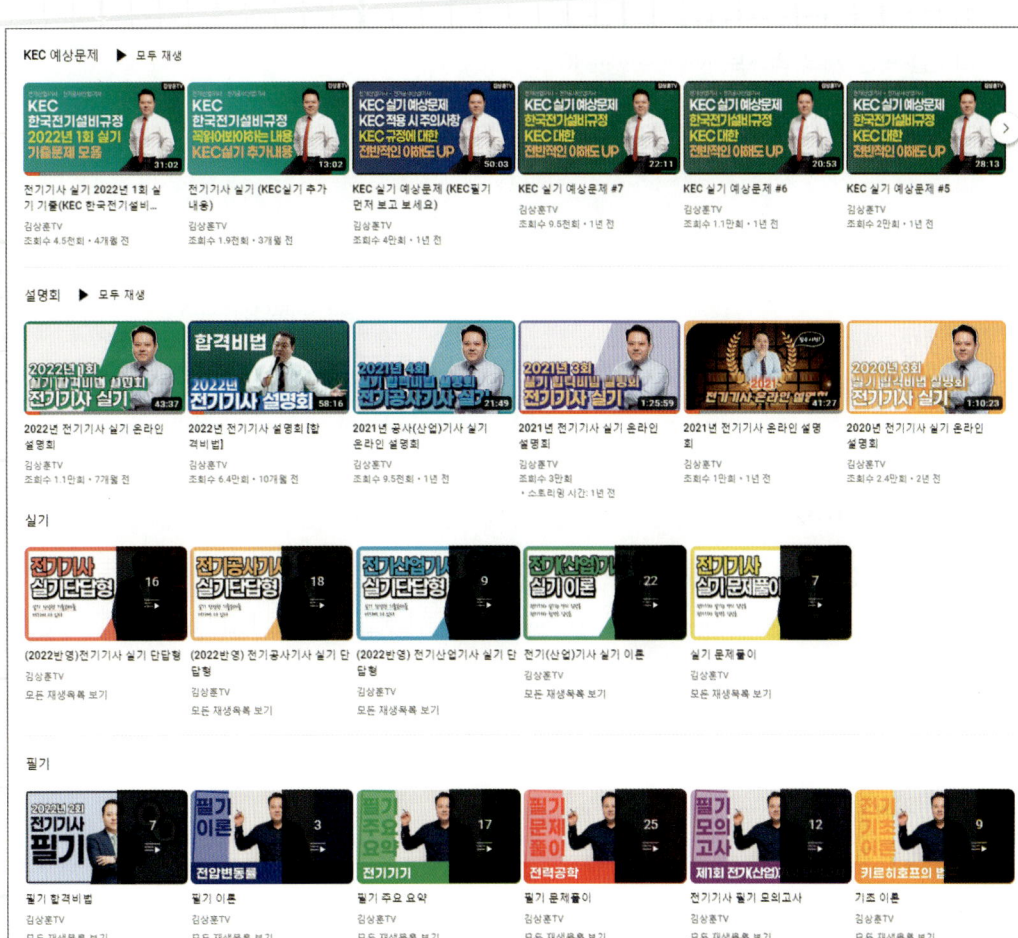

※ 자세한 강의 시간표는 다음 일렉킴 카페(https://cafe.daum.net/eleckimedu) 〉 유튜브 방송 시간표 참고

이 책의 목차

회차별 학습 체크 리스트

문제 풀이와 동영상 학습 횟수를 체크하여 스케줄 관리도 하고, 학습 속도도 조절할 수 있습니다.

이제는 합격이다

동영상 강좌 안내 ·················· 4
CBT 모의고사 응시 방법(쿠폰 등록) ······· 7
이 책의 학습 방법 ·················· 8
회차별 학습 체크 리스트 ············· 10
편저자/감수자의 말 ················· 12

| 전기응용 |

	학습	동영상
01 조명공학 ·························· 14	☐☐☐	☐☐☐
– 필수 기출문제 ······················ 36	☐☐☐	☐☐☐
02 전열공학 ·························· 52	☐☐☐	☐☐☐
– 필수 기출문제 ······················ 65	☐☐☐	☐☐☐
03 전동기 설비 ······················· 76	☐☐☐	☐☐☐
– 필수 기출문제 ······················ 88	☐☐☐	☐☐☐
04 전기철도 ·························· 97	☐☐☐	☐☐☐
– 필수 기출문제 ····················· 113	☐☐☐	☐☐☐
05 전기화학 ························· 118	☐☐☐	☐☐☐
– 필수 기출문제 ····················· 127	☐☐☐	☐☐☐

06 전력용 반도체 ··· 135
- 필수 기출문제 ·· 144

07 자동제어 ··· 152
- 필수 기출문제 ·· 157

| 공사재료 |

01 전선 및 케이블 ····································· 160
- 필수 기출문제 ·· 165

02 배선재료와 공구 ··································· 169
- 필수 기출문제 ·· 177

03 배관배선공사 ··· 180
- 필수 기출문제 ·· 185

04 가공인입선 및 배전선로공사 ············· 190
- 필수 기출문제 ·· 195

05 고압 및 저압 배전반 공사 ················· 199
- 필수 기출문제 ·· 205

06 피뢰설비 및 접지 ································· 210
- 필수 기출문제 ·· 217

07 전기재료 ··· 222
- 필수 기출문제 ·· 225

편저자의 말

1970년대 중반부터 시행된 전기 분야 국가기술자격시험은 일부 개정을 거쳐 현재에 이르고 있으며, 시험 합격을 위해서는 그에 맞는 전략과 노력이 필요합니다.

최근 5년 동안의 시험 경향을 보면 확실히 예전보다는 조금 어려워졌습니다. 예전처럼 그냥 외우는 방법으로는 어렵고, 이론을 이해해야 풀 수 있는 문제들이 많아지고 있기 때문입니다. 특히 필기시험은 출제 경향이 크게 다르지 않은데, 실기시험은 회차별로 난이도 차이가 크게 나고 예전보다 문제수도 늘어나 좀 더 세분화되었다고 볼 수 있습니다.

그러므로 합격의 전략은 새로운 경향을 찾는 것보다는 많이 출제되었던 기출문제를 공부하되 이론을 같이 공부하는 것이 빠른 합격에 유리할 수 있습니다.

또 전기기사 출제 경향을 합격자 수로 이야기하는 경우가 많지만, 작년에 합격자 수가 많았다고 해서 올해 꼭 적게 나오는 것은 아닙니다. 약간씩 출제 경향의 변화가 있지만 난이도는 거의 대동소이하며, 수급 조절은 3~5년으로 보기 때문에 수험생 스스로 섣부른 판단은 하지 않도록 해야 합니다.

필자는 10여 년 전부터 현재까지 오프라인 학원, 수많은 온라인 교육 및 EBS 강의를 진행하면서 많은 수험생을 접하며 그들이 가지고 있는 고충과 애로사항을 청취한 결과, 국가기술자격시험 합격을 위한 보다 쉽고 확실한 해법을 주기 위하여 이 교재를 집필하게 되었습니다.

본 수험서의 특징은 그간 어렵게 생각했던 문제를 쉽게 해설하여 수험생들이 혼자 공부할 수 있게 하고, 매년 출제 빈도를 반영하여 문제마다 별 표시를 해 중요 부분을 확인할 수 있게 함으로써 시험 대비 시 공부의 효율을 높이도록 한 점입니다.

아무쪼록 본 수험서로 공부하는 모든 분이 합격하시기를 기원하며, 마지막으로 본 수험서가 출간되기까지 큰 노력을 기울여주신 한빛전기수험연구회 여러분들과 도서출판 윤조 배용석 대표님께 감사의 말씀을 전합니다.

편저자 김상훈

감수자의 말

현대 사회에서 전기의 중요성은 날로 커지고 있으며, 일정한 자격을 갖춘 전문가들에 의해 여러 가지 기술의 개발과 발전이 이루어지고 있습니다. 이러한 전기 분야의 전문가를 국가기술자격시험을 통해 선발하기 때문에 이 시험의 비중이 날로 증가하고 있는 추세입니다.

우리 연구회 일동은 전기 분야 교육의 전문가이신 김상훈 박사가 책 출간 후 5년간의 노하우와 새로운 경향을 반영하는 개정 작업의 감수에 참여하게 되어 기쁜 마음으로 더욱더 좋은 책, 수험생들이 쉽게 이해할 수 있는 책이 되도록 노력하였습니다.

아무쪼록 본 수험서로 공부하는 수험생 모두가 합격하여 우리나라 전기 분야에 이바지하는 전문가들로 성장하기를 기원합니다.

한빛전기수험연구회 일동

PART 01
전기응용

1. 조명공학
2. 전열공학
3. 전동기 설비
4. 전기철도
5. 전기화학
6. 전력용 반도체
7. 자동제어

새로운 유형의 문제가 자주 등장하는 과목으로 출제 기준을 꼼꼼히 살펴 시험 준비를 해야 합니다. 특히 전력공학 부분과 겹치는 부분이 많아 두 과목을 함께 공부하는 것이 학습 능률을 끌어올리는 데 효과적입니다.

CHAPTER 01 조명공학

빛(Lighting)·조명 용어·특이한 조도계산·루소선도(Rousseau diagram)·온도복사에 관한 법칙·온도복사에서의 온도·루미네선스·방전에 관한 법칙·광원의 종류·전구의 특성·광원의 종류(방전등)·램프 효율이 우수한 순서·조명설계

조명(照明)이란 태양광에 의한 주광조명과 인공조명으로 분류하며 다음과 같다.
복사(Radiation) 전자파로서 전달되는 에너지를 말한다. 즉 복사는 전자파로 전해지는 에너지를 말한다.

빛(Lighting)

1 복사속(Radiation Flux)

복사속(Radiation Flux)은 어떤 광원으로부터 에너지가 복사되고 있을 때 단위 시간에 복사되는 에너지의 양을 나타내므로 단위는 와트[W]가 된다.

2 가시광선

가시광선은 사람의 눈으로 감광할 수 있는 파장대의 빛을 말하며 파장은 380~760[nm]정도이다.

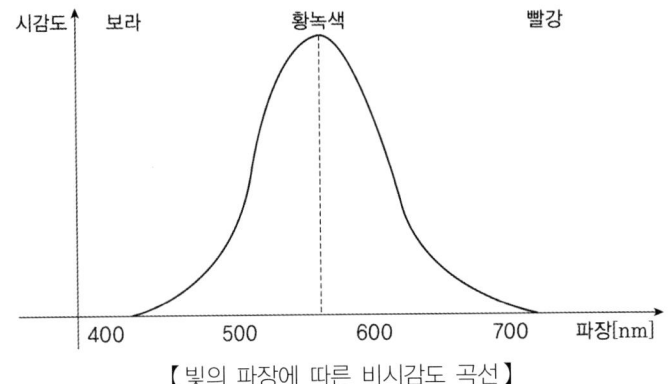

【 빛의 파장에 따른 비시감도 곡선 】

자외선							적외선
	보라	파랑	녹색	노랑	주황	빨강	
380		500		600	700	760	[nm]

여기서, 시감도(Visibility)는 어떤 파장의 에너지가 빛으로서 느껴지는 정도를 나타내며 황록색(파장 555[nm])에서 최대로 나타난다.
전자파를 파장이 짧은 순서부터 큰 순서로 배열하면 다음과 같다.

γ선 < X선 < 자외선 < 가시광선 < 적외선 < 방송파 < 전력파

조명 용어

조명공학에 사용되는 각종 용어는 다음과 같은 의미와 기호 및 단위를 사용한다.

1 광속

광속은 광원에서 나오는 복사속을 눈으로 보아 빛으로 느끼는 크기를 나타낸 것으로 정의 된다. 광속의 표기와 단위는 다음과 같다.

① 표기 : F

② 단위 : [lm](lumen)

③ 광속의 계산
- 구광원(백열전구) : $F = 4\pi I$ [lm]

  여기서, I[cd] : 광도
- 원통광원(형광등) : $F = \pi^2 I$ [lm]
- 평판광원 : $F = \pi I$ [lm]

2 광도(luminous intensity)

광도는 모든 방향으로 광속이 발산되고 있는 점광원에서 그 방향의 단위 입체각에 포함 되는 광속수로 정의하며 빛의 세기라고 한다.
따라서 광도는 발산 광속의 입체각 밀도를 나타낸다.
광도의 표기와 단위는 다음과 같다.

① 표기 : I

② 단위 : [cd](Candela)

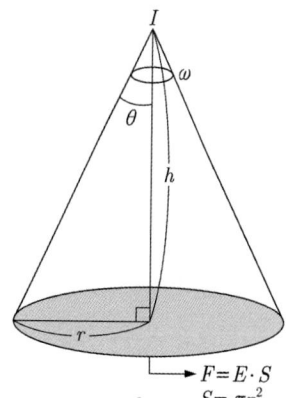

③ 광도의 계산

광도는 발산 광속의 입체각 밀도이므로

$I = \dfrac{F}{\omega}$ [lm/sr]=[cd]

여기서, 입체각 : ω 스테라디안(Steradian, 기호 : sr)

$\omega = 2\pi(1 - \cos\theta)$ [sr]

따라서 광도 $I = \dfrac{F}{\omega} = \dfrac{E \cdot S}{2\pi(1-\cos\theta)} = \dfrac{E \cdot S}{2\pi\left(1 - \dfrac{h}{\sqrt{r^2 + h^2}}\right)}$ [cd]

여기서, $\cos\theta = \dfrac{h}{\sqrt{h^2 + r^2}}$

E : 조도[lx]

3 **조도(intensity of illumination)**

조도는 어떤 물체에 광속이 입사하면 그 면이 밝게 빛나게 되는 정도로 정의되며 어떤 면에 입사되는 광속의 밀도로 나타낸다.

조도의 표기와 단위는 다음과 같다.

① 표기 : E

② 단위 : [lx](lux)

③ 조도계산

조도계산에는 다음과 같은 법칙들이 사용된다.

- 거리의 역제곱 법칙

$$E = \frac{F}{S} = \frac{4\pi I}{4\pi r^2} = \frac{I}{r^2} [\text{lx}]$$

따라서 조도는 광원의 광도에 비례하고 거리의 제곱에 반비례

- 입사각의 코사인 법칙(간판)

$$E = \frac{I}{r^2}\cos\theta [\text{lx}]$$

따라서 조도는 광원의 광도에 비례하고 거리의 제곱에 반비례하며 입사각 θ의 $\cos\theta$에 비례한다.

- 법선조도, 수평면조도, 수직면조도

– 법선조도 $E_n = \frac{I}{r^2} [\text{lx}]$

– 수평면 조도 $E_h = \frac{I}{r^2}\cos\theta = \frac{I}{h^2}\cos^3\theta [\text{lx}]$

여기서, $r\cos\theta = h$이므로 $r = \frac{h}{\cos\theta}$

– 수직면 조도 $E_v = \frac{I}{r^2}\sin\theta = \frac{I}{h^2}\cos^2\theta\sin\theta [\text{lx}]$

여기서, $r\cos\theta = h$이므로 $r = \frac{h}{\cos\theta}$

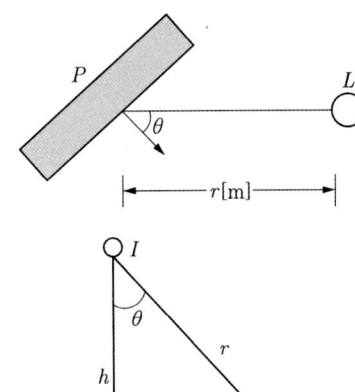

4 **휘도(brightness)**

휘도는 단위면적당의 광도(빛의 세기)로 눈부심의 정도(표면의 밝기)를 나타내며 광원의 투영면적에 따라 달라진다.

휘도의 표기와 단위는 다음과 같다.

① 표기 : B

② 단위 : [cd/cm²], 스틸브(stilb, 기호 : sb)
        [cd/m²], 니트(nit, 기호 : nt)

③ 휘도 계산

휘도는 단위면적당의 광도로 $B = \dfrac{I}{S}[\text{cd/m}^2][\text{nt}]$

휘도의 단위 계산은 다음과 같다.
- $[\text{cd/m}^2] = [\text{nt}]$
- $[\text{cd/cm}^2] = [\text{sb}]$
- $1[\text{nt}] = 10^{-4}[\text{sb}]$
- $1[\text{sb}] = 10^4[\text{nt}]$

④ 눈부심을 일으키는 휘도의 한계 : $0.5[\text{cd/cm}^2]$ 또는, $0.5 \times 10^4 [\text{cd/m}^2]$

5 **광속 발산도(luminous emittance)**

광속 발산도는 어떤 면(1차 광원 또는 빛을 반사하는 면)의 단위 면적으로부터 발산되는 광속으로 정의하며 발산 광속의 밀도라 한다.

광속 발산도의 표기와 단위는 다음과 같다.

① 표기 : R

② 단위 : [rlx](redlux)

③ 광속 발산도 계산
- 광속 발산도는 단위 면적으로부터 발산되는 광속이므로
  $R = \dfrac{F}{S}[\text{lm/m}^2][\text{rlx}]$
- 광속 발산도 $R = \dfrac{F}{S} \times \tau \times \eta [\text{lm/m}^2][\text{rlx}]$

  여기서, τ : 투과율
  η : 기구효율
  S : 발광면적[m²]

- 완전 확산면
  완전 확산면은 어느 방향에서나 휘도(눈부심)가 같은 면으로 광원에 판을 사용하는 경우가 대부분이며 다음과 같이 나타낸다.
  $R = \pi B = \rho E = \tau E$
  여기서, τ : 투과율
  ρ : 반사율

6 효율

① 전등(램프) 효율

$$\eta = \frac{F}{P} [\text{lm/W}]$$

여기서, F : 광속[lm], P : 소비전력[W]

② 글로우브 효율

$$\eta = \frac{\tau}{1-\rho} \times 100 [\%]$$

여기서, τ : 투과율, ρ : 반사율

7 투과율, 반사율, 흡수율

① 투과율 $\tau = \dfrac{\text{투과광속}}{\text{입사광속}} \times 100 [\%]$

② 반사율 $\rho = \dfrac{\text{반사광속}}{\text{입사광속}} \times 100 [\%]$

③ 흡수율 $\alpha = \dfrac{\text{흡수광속}}{\text{입사광속}} \times 100 [\%]$

따라서 투과율, 반사율, 흡수율의 관계는 다음과 같다.

$$\tau + \rho + \alpha = 1$$

특이한 조도계산

반구형 천장이나 구광원에 의한 조도는 단위구법에 의해 다음과 같이 계산한다.

$$E_P = \pi B \sin^2 \theta \, [\text{lx}]$$

1 반구형 천장에 의한 조도 계산

P점의 조도 $E_P = \pi B \sin^2 \theta$ 에서

여기서, $\sin\theta = \dfrac{r}{\sqrt{h^2 + r^2}}$ 이므로

따라서 P점의 조도는 다음과 같다.

$$E_P = \pi B \sin^2 \theta = \pi B \left(\frac{r}{\sqrt{h^2+r^2}} \right)^2 = \frac{\pi B \, r^2}{h^2 + r^2} \, [\text{lx}]$$

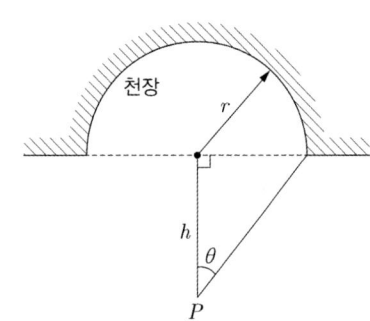

2 구형 광원에 의한 조도

P점의 조도 $E_P = \pi B \sin^2\theta$에서

여기서, $\sin\theta = \dfrac{r}{h}$이므로

따라서 P점의 조도는 다음과 같다.

$$E_P = \pi B \sin^2\theta = \pi B \left(\dfrac{r}{h}\right)^2 = \dfrac{\pi B \, r^2}{h^2} \, [\text{lx}]$$

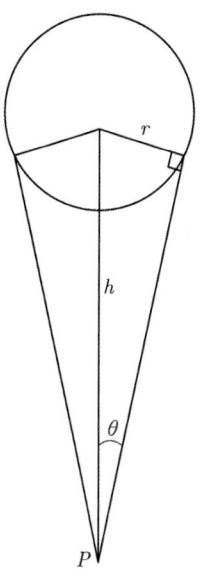

루소선도(Rousseau diagram)

루소선도를 위한 배광곡선(Distribution Curve of Light)는 빛의 분산곡선으로 평면상의 광속분포를 극좌표로 나타낸 것이며 루소선도는 배광곡선을 이용하여 전 광속을 구하는 선도를 말한다.

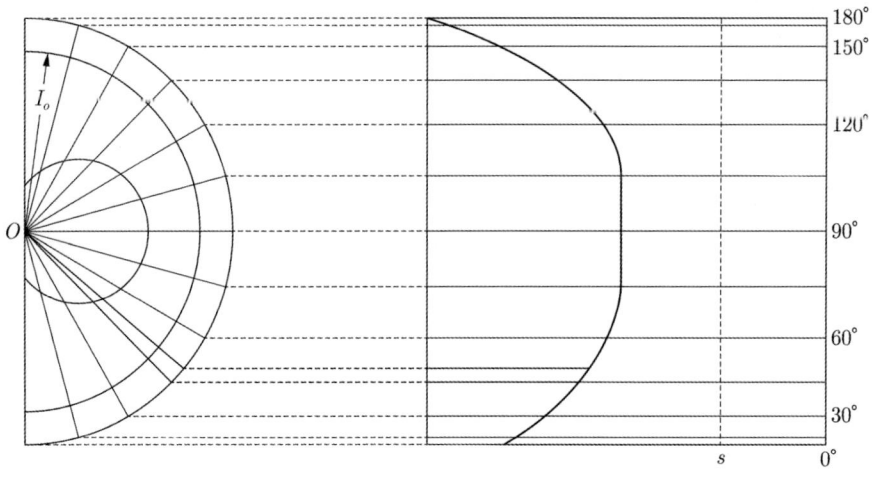

루소선도를 이용한 광속계산은 다음과 같다.

1 광원의 전광속

$F =$ 루소선도 면적 $\times \dfrac{2\pi}{r}$ [lm]

$\therefore F = \dfrac{2\pi}{r} \times S$

전광속 $F = a \cdot S$ (a : 상수)

2 루소선도에 의한 광속계산 예

① 하반구 광속

$$F = \frac{2\pi}{r} \times S = \frac{2\pi}{100} \times (100 \times 100) = 628 [\text{lm}]$$

② 상반구 광속

면적 $S = \frac{\pi r^2}{4}$ 이므로

$$F = \frac{2\pi}{r} \times S = \frac{2\pi}{r} \times \frac{\pi r^2}{4} = \frac{1}{2}\pi^2 r$$

$$= \frac{1}{2}\pi^2 \times 100 = 50\pi^2 = 493 [\text{lm}]$$

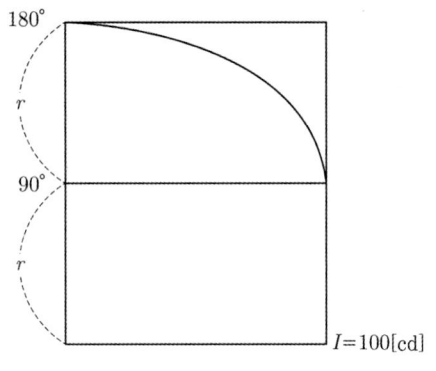

3 루소선도에서의 배광곡선 식

① 배광곡선 식 : $I_\theta = 50(1 + \cos\theta)$

- 0° → 100[cd]
- 90° → 50[cd]
- 180° → 0[cd]

이므로 배광곡선의 식은 $I_\theta = 50(1 + \cos\theta)$가 된다.

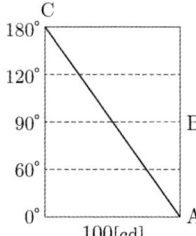

② 배광곡선 식 : $I_\theta = 100 \cos\theta$

- 0° → 100[cd]
- 60° → 50[cd]
- 90° → 0[cd]

이므로 배광곡선의 식은 $I_\theta = 100 \cos\theta$가 된다.

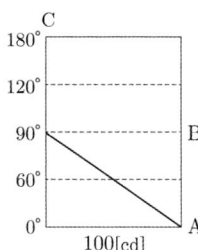

온도복사에 관한 법칙

온도복사는 온도를 높이면 백열상태가 되어 여러 가지 파장이 전자파로 복사되는 현상으로 다음과 같은 법칙이 있다.

1 스테판 볼츠만의 법칙

스테판 볼츠만의 법칙은 흑체에 복사되는 전 복사에너지는 절대 온도 4승에 비례한다는 것으로 다음과 같다.

$$W = \sigma T^4 [\text{W/cm}^2]$$

여기서, $\sigma = 5.683 \times 10^{-8} [\text{W/m}^2 \cdot {}^\circ \text{K}^4]$는 스테판–볼츠만의 상수이다.

2 비인의 변위법칙

비인의 변위법칙은 흑체의 분광 방사발산도가 최대가 되는 파장은 흑체의 절대온도에 반비례한다는 것으로 다음과 같다.

$$\lambda_m \propto \frac{1}{T}$$

여기서, λ : 파장, T : 절대온도

3 플랑크의 복사법칙

플랑크의 복사법칙은 분광 복사속의 발산도를 나타내는 법칙으로서 광고온계의 측정원리가 된다.

$$P_\lambda = \frac{C_1}{\lambda^5} \times \frac{1}{e^{c_2/\lambda T} - 1} [\text{W/cm}^2 \cdot \mu]$$

여기서, C_1, C_2 : 플랑크 정수

온도복사에서의 온도

온도복사에서의 온도는 다음과 같다.

1 흑체(Black Body)

입사하는 모든 복사선을 완전히 흡수하는 물체

2 온도의 종류

① 색온도 : 일반의 광원색이 흑체의 어느 온도일 때의 색과 같은 경우, 그 흑체의 온도
② 휘도온도 : 휘도가 같을 때의 흑체의 온도
③ 진온도 : 실제 복사체의 온도
④ 복사온도 : 복사속이 동일할 때의 흑체의 온도

여기서, 온도가 높은 순으로 배열하면 다음과 같다.

$$\text{색온도} > \text{진온도} > \text{휘도온도} > \text{복사온도}$$

루미네선스

루미네선스는 온도 복사를 제외한 모든 발광현상을 말하며 다음과 같다.

1 형광

자극이 작용하는 동안만 발광하고 자극이 없어지면 발광이 사라지는 것

② 인광
자극이 없어진 후에도 수분내지 수 시간 발광을 지속하는 것

③ 루미네선스의 종류
① 전기 루미네선스 : 네온관등, 수은등
② 복사 루미네선스 : 형광등, 형광판
③ 파이로 루미네선스 : 발염 아크등
④ 열 루미네선스 : 금강석, 대리석
⑤ 생물 루미네선스 : 반딧불, 야광벌레

방전에 관한 법칙

① 파센의 법칙
파센의 법칙은 평등 자계 하에서 방전개시 전압은 기체의 압력과 전극거리와의 곱에 비례한다는 법칙이다.

② 스토크스 정리
스토크스의 정리는 발광되는 파장은 발광시키기 위하여 가한 파장과 같거나 길다는 것이다.

광원의 종류

광원의 종류에는 크게 온도복사(백열전구, 할로겐램프 등)에 의한 발광과 방전에 의한 발광(형광등, 수은등, 나트륨등, 네온관등, 네온전구 메탈할라이트등 등)으로 나눈다.

온도복사에 의한 전구는 다음과 같다.

① 백열전구
백열전구는 필라멘트에 전류를 흘려 발생되는 열이 열방사에 의해 빛으로 발광되는 광원으로 구조는 다음과 같다.

① 필라멘트의 구비조건
- 융해점이 높을 것
- 고유저항이 클 것
- 고온에서 증발이 적을 것
- 선팽창계수가 적을 것
- 가공이 용이할 것

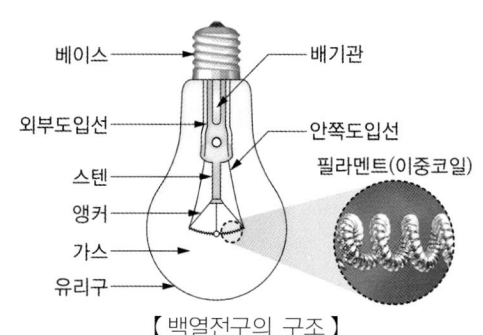

【 백열전구의 구조 】

여기서, 필라멘트를 2중 코일로 사용하는 이유는 수명을 길게 하고 효율을 높이기 위해 사용한다.

② 도입선

도입선에는 내부도입선과 외부도입선으로 구성되며 다음과 같은 재질을 사용한다.
- 외부도입선 : 동선
- 내부도입선 : 듀밋선(42[%] 정도의 니켈을 함유한 철-니켈 합금선에 동피복을 한 것)

③ 앵커(지지선)

지지선인 앵커는 몰리브덴을 사용한다.

④ 봉입가스

백열전구는 필라멘트의 증발 억제, 수명을 길게 하고 발광 효율을 크게 하기 위하여 가스를 봉입하며 다음과 같다.
- Ar (아르곤 90~96[%]) : 증발억제
- N (질소 4~10[%]) : 산화방지 및 아크방지
- 점등 시 압력 : 700~800[mmHg]

⑤ 게터(Getter)

게터는 전구의 수명을 길게 하고 흑화를 방지하기 위해 사용하는 것으로 종류는 다음과 같다.
- 적린 게터 : 40[W] 미만 전구
- 질화 바륨 게터 : 40[W] 이상 전구

2 할로겐 전구

할로겐 전구는 진공 상태의 유리구 안에 질소와 아르곤 가스 이외에 브롬이나 요오드 등 할로겐 원소를 첨가하여 텅스텐 필라멘트의 증발을 억제시켜 전구의 수명을 늘린 전구로서 다음과 같은 구조를 가진다.

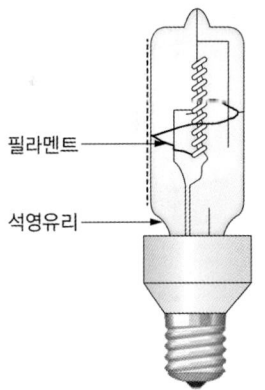

① 용량 : 500~1,500[W]

  효율 : 20~22[lm/W]

  수명 : 2,000~3,000[h]

② 할로겐 전구의 특징
- 백열전구에 비해 소형이다.
- 발생광속이 많고, 고휘도 전구이다.
- 광색은 적색이다.
- 배광제어가 용이하다.
- 흑화가 거의 발생하지 않는다.

③ 할로겐 전구의 용도
- 옥외의 투광 조명
- 자동차용
- 고천장 조명

③ 내진전구

내진전구는 필라멘트의 지지선이 많은 구조로서 내진형 전구이며 선박, 철도, 차량 등 진동이 많은 장소에 설치한다.

광원의 종류(방전등)

광원의 종류 중 방전등의 종류는 다음과 같다.

1 형광등

형광등은 진공으로 된 유리관에 수은과 아르곤을 넣어 수은의 방전으로 부터 파장 2,537[Å]의 자외선을 발생시켜 유리관 내 형광체에 조사하면 형광제로부터 가시광으로 바꾸어 발광되는 등이다.

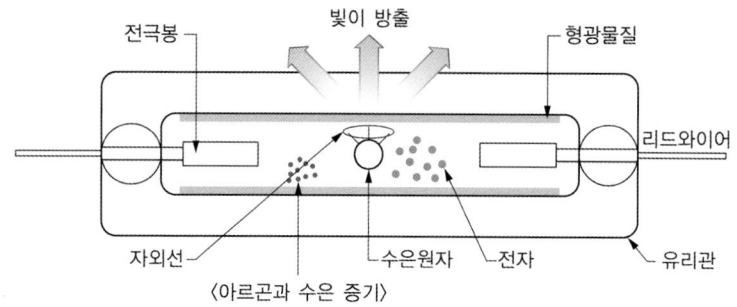

① 형광등의 특성
- 임의의 광색을 얻을 수 있다(형광체의 종류에 따라).
- 휘도가 낮다.
- 수명이 길고 효율이 우수하다.
- 역률이 나쁘다.
- 플리커(깜박거림) 현상이 있다.

② 형광체의 종류(형광등의 색상)
- 텅스텐산 칼슘 : 청색
- 텅스텐산마그네슘: 청백색
- 규산 아연 : 녹색(효율 최대)
- 규산 카드뮴 : 주광색
- 붕산 카드뮴 : 분홍색(정육점 진열장)

③ 효율이 최대가 되는 온도
- 주위온도 : 25[℃]
- 관벽온도 : 40[℃]

④ 역률
- 일반적 : 50~60[%]
- 고역률형 : 85[%] 이상

⑤ 안정기 : 방전등의 전압 전류 특성은 마이너스 특성이므로 이것을 일정 전압의 전원에 연결하면 전류가 급속히 증대되어 방전등이 파괴되는 것을 방지

2 나트륨등

나트륨등은 나트륨 증기 중의 방전을 이용한 것으로 다음과 같은 특징을 가진다.

① 나트륨등의 특징
- 투과력이 우수(안개 낀 지역, 터널 등에서 사용)하다.
- 단색 광원으로 옥내 조명에 부적당(연색성이 대단히 나쁘다)하다.

> 연색성 : 물체는 분광 분포가 다른 광원을 비추면 각각 다른 색으로 보이게 되는데 조명에 의한 물체의 색깔을 결정하는 성질

- 효율이 우수하다.

② 나트륨등의 효율
- 이론상의 효율 $\eta = 395$ [lm/W]
- 실제효율 $\eta = 40 \sim 70$ [lm/W]
- 가장 적당한 효율 $\eta = 80 \sim 150$ [lm/W]

③ 색파장 : 황색 590[nm]

3 수은등

수은등은 수은 증기 중의 방전을 이용하는 등으로 다음과 같은 특징을 가진다.

① 수은등의 종류
- 저압 수은등 : 수은증기압력 0.01[mmHg] 정도
- 고압 수은등 : 1기압(760[mmHg]) 정도
- 초고압 수은등 10~200 기압

② 2중관(발광관 + 외관)을 사용 : 발광관의 온도를 고온으로 유지
고압수은등, 초고압수은등에 사용

③ 수은등의 특성
- 저압 수은등
  - 스펙트럼 에너지 파장 : 2,537[Å]
- 고압 수은등
  - 소형이며, 광속이 크므로 널리 사용
  - 효율 : 50[lm/W]
  - 가로 조명이나 광장 조명에 사용
- 초고압 수은등
  - 효율 $\eta = 40 \sim 70$ [lm/W]
  - 휘도가 크다.
  - 영화촬영, 영사 등의 응용에 이용되며 가로조명이나 공장조명에도 사용

④ 네온관등(네온사인)

가늘고 긴 유리관 양단에 원통형 전극을 두고 수 mmHg 정도의 네온, 기타의 가스를 봉입한 방전등으로, 양광주(陽光柱)의 빛을 이용하는 것을 네온관등(neon tube lamp) 또는, 네온사인(neon sign)이라 한다.

가스와 그에 따른 광색은 다음과 같다.

봉입가스	유리관색	관등의 색
네온	투명	등적색
	청색	등색

⑤ 네온전구

유리구 속에 2개의 전극을 최소 거리 2~3[mm] 간격으로 두고, 네온 가스를 수십 mmHg을 봉해 넣고 또 베이스에는 수[kΩ]의 직렬저항을 접속하여 음극에서 발광되는 전구

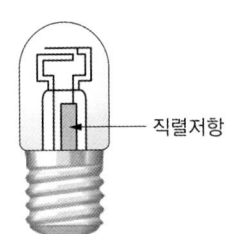
직렬저항

네온전구의 용도는 다음과 같다.
- 소비전력이 적으므로 배전반의 파일럿, 종야 등에 적합하다.
- 음극만이 빛나므로 직류의 극성 판별용에 이용한다.
- 일정 전압에서 점화하므로 검전기 교류 파고치의 측정에 사용된다.
- 어느 범위에서는 광도와 전류가 비례하므로 오실로스코프용 스트로보스코프용에 사용된다.

⑥ 크세논 램프

크세논등은 크세논(Xenon)가스 중의 방전을 이용하는 전등으로 봉입가스의 압력은 10기압 정도이며 분광에너지와 주광에너지 분포가 비슷하여 연색성이 가장 좋다(자연주광과 가장 유사).

⑦ EL램프(electroluminescent lamp)

EL램프는 황화아연계(Z_nS)의 특수한 형광체를 유전체에 혼합하여 수 10[μm] 정도의 박막으로 하고, 투명한 전극 사이에 두어 콘덴서로 한 것이며, 여기에 교류 전압을 가하면 발광되는 램프이며 유전체 램프(면광원 램프)라고 하며 표시등, 장식용에 사용된다.

⑧ 메탈 헬라이드 램프(metal halide lamp)

수은등과 유사한 구조로서, 석영으로 된 발광관에 수은과 아르곤 및 금속의 할로겐화물을 봉입한다. 외관(外棺)이 유리로 된 램프는 안에 질소 등의 불활성 가스를 봉입하거나 진공으로 한다.

램프 효율이 우수한 순서

각 램프의 효율과 효율이 우수한 순서는 다음과 같다.

나트륨등 > 메탈할라이트등 > 형광등 > 수은등 > 할로겐램프 > 백열전구

조명설계

1 조명의 목적
① 명시조명 : 주어진 동작내지 작업과 관련하여 어떤 물체를 명확히 보기 위한 조명
② 분위기 조명 : 사람의 심리를 움직이게 하는 분위기를 생활행동에 알맞도록 하는 조명

2 조명기구 및 조명방식
① 조명기구 : 반사기, 전등갓, 글로브, 루버, 투광기
② 루버 : 빛을 아래쪽으로 확산시키면 눈부심을 적게 하는 조명 기구

3 조명기구 배치에 의한 종류
① 전반조명 : 작업면의 전체를 균일한 조도가 되도록 조명
② 국부조명 : 작업에 필요한 장소마다 그 곳에 맞는 조도를 얻는 방식
③ 전반 국부조명 : 작업면 전체는 비교적 낮은 조도의 전방조명을 실시하고 필요한 장소에만 높은 조도가 되도록 국부조명을 하는 방식

4 조명방식에 의한 분류

조명방식	하향광속[%]	상향광속[%]
직접조명	100~90	0~10
반 직접조명	90~60	10~40
전반 확산조명	60~40	40~60
반 간접조명	40~10	60~90
간접조명	10~0	90~100

5 건축화 조명

건축화 조명이란 건축물의 천장, 벽 등의 일부가 조명기구로 이용되거나 광원화되어 건축물의 마감 재료의 일부로서 간주되는 조명설비이다. 이에 대한 종류는 천장면 이용방법과 벽면 이용 방법 으로 대별된다.

① 천장 매입방법
- 매입 형광등 : 하면 개방형, 하면 확산판 설치형, 반매입형 등
- down light : 천장에 작은 구멍을 뚫고 조명기구를 매입하여 빛의 빔 방향을 아래로 유효하게 조명하는 방법
- pin hole light : down-light의 일종으로 아래로 조사되는 구멍을 적게 하거나 렌즈를 달아 복도에 집중 조사되도록 한다.
- coffer light : 대형의 down light라고도 볼 수 있으며 천정면을 둥글게 또는 사각으로 파내어 조명기구를 배치하여 조명하는 방법
- line light : 매입 형광등방식의 일종으로 형광등을 연속으로 배치하는 조명방식

② 천장면 이용방법
- 광천장 조명 : 실의 천장 전체를 조명기구화 하는 방식으로 천장 조명 확산 판넬로서 유백색의 플라스틱판이 사용된다.
- 루버 조명 : 실의 천장면을 조명 기구화하는 방식으로 천장면 재료로 루버를 사용하여 보호각을 증가시킨다.
- cove조명 : 광원으로 천장이나 벽면상부를 조명함으로서 천장면이나 벽에서 반사되는 반사광을 이용하는 간접 조명방식으로 효율은 대단히 나쁘지만 부드립고 안정된 조명을 시행할 수 있다.

③ 벽면 이용방법
- coner 조명 : 천장과 벽면 사이에 조명기구를 배치하여 천장과 벽면에 동시에 조명하는 방법
- conice 조명 : 코너를 이용하여 코오니스를 15~20[cm] 정도 내려서 아래쪽의 벽 또는 커튼을 조명하도록 하는 방법
- valance 조명 : 광원의 전면에 밸런스판을 설치하여 천장면이나 벽면으로 반사시켜 조명하는 방법

6 전등의 설치 높이와 간격

① 등고(등높이)
- 직접 조명 시 H : 피조면에서 광원까지
- 간접 조명 시 H : 피조면에서 천장까지

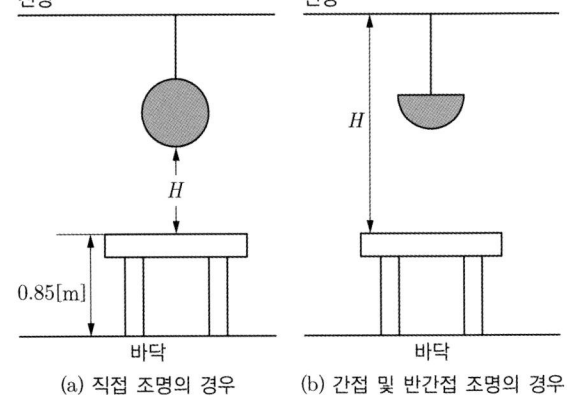

(a) 직접 조명의 경우　　(b) 간접 및 반간접 조명의 경우

② 등간격
- 등기구간의 간격 : $S \leq 1.5H$
- 벽과의 간격 : $S \leq 0.5H$(벽면을 사용하지 않을 시)

$$S \leq \frac{1}{3}H (벽면을 사용 시)$$

7 실지수(Room index)

$R \cdot I = \dfrac{XY}{H(X+Y)}$

여기서, X : 방의 폭
　　　　Y : 방의 길이
　　　　H : 작업면상에서 광원까지 높이

8 조명률

조명률은 전광속에 대한 작업면에 입사되는 광속의 백분율로 나타낸다.

① $U = \dfrac{F}{F_0} \times 100 [\%]$

여기서, F_0 : 전광속
F : 작업면의 입사광속

② 조명률 결정 요소
- 방의 크기와 모양에 따른 실지수
- 조명 기구의 종류
- 천장, 벽, 바닥 등의 반사율

9 감광보상률

감광보상률은 점등 중의 광속의 감퇴를 고려하여 소요광속에 여유분의 정도를 나타내는 것으로 다음과 같다.

감광보상률 $D = \dfrac{1}{M}$

여기서, M : 보수율(유지율)

10 조명설계

① $FUN = ESD$

여기서, $F[\text{lm}]$: 광속
U : 조명률
N : 등수
$E[\text{lx}]$: 조도
$S[\text{m}^2]$: 면적
$D = \dfrac{1}{M}$: 감광보상률 $= \dfrac{1}{보수율}$

② 조도 $E = \dfrac{FUN}{SD} [\text{lx}]$

11 도로조명

도로조명은 직선도로일 경우 대칭식, 지그재그식, 중앙배열식, 편측식(한쪽배열) 등으로 배치하며 곡선도로일 경우에는 멀리서도 곡선 굴곡부의 모양을 알 수 있도록 직선부보다 배치를 조밀하게 한다.

따라서 곡선 도로 조명 배치 방법은 다음과 같다.
- 양쪽 배치 시는 대칭식, 한쪽 배치 시는 커브 바깥쪽에 배치한다.
- 안정상 지선 도로보다 높은 조도(등간격을 좁게)를 유지한다.
- 곡률 반경이 클수록(완만한 커브길) 등간격을 길게 해도 된다.

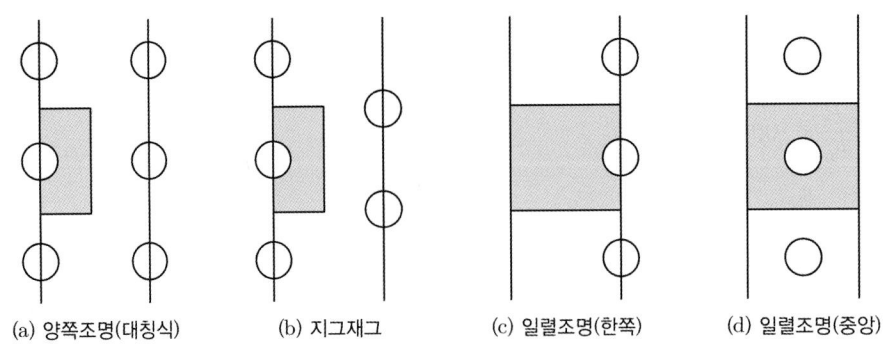

(a) 양쪽조명(대칭식)　　(b) 지그재그　　(c) 일렬조명(한쪽)　　(d) 일렬조명(중앙)

① 도로조명의 등수 : 1(등)

② 면적

　　• 양쪽대칭, 지그재그식 : $S = \dfrac{a \cdot b}{2}$

　　• 편측배열, 중앙배열 : $S = a \cdot b$

　　여기서, a : 도로의 폭, b : 등간격

이론 요약

1. 조명용어 정리

① 복사(방사) : 전자파로 전달되는 에너지의 총칭

② 복사속(방사속) : 단위 시간 당의 복사에너지 $P = \dfrac{W}{t}$ [J/sec], [W]

③ 광도 : 발산광속의 입체각 밀도
- 기호 : I
- 단위 : 칸델라 [cd]
- $I = \dfrac{F}{\omega} = \dfrac{E \cdot S}{2\pi(1-\cos\theta)}$ [cd]

④ 광속 : 단위 시간에 복사되는 에너지의 양
- 기호 : F
- 단위 : 루멘[lm]
- 구광원(전구) : $F = 4\pi I$ [lm]
- 원주광원(형광등) : $F = \pi^2 I$ [lm]
- 평판 광원 : $F = \pi I$ [lm]

⑤ 휘도 : 눈부심의 정도
- 기호 : B
- 단위 : 1[cd/m²]=1[nt], 1[cd/cm²]=1[sb]
- $B = \dfrac{I}{S}$ [nt]

⑥ 조도 : 단위 면적당 입사광속
- 기호 : E
- 단위 : 룩스[lx]
- $E = \dfrac{F}{S}$ [lx]

  법선조도 $E_n = \dfrac{I}{r^2}$ [lx], 수평면 조도 $E = \dfrac{I}{r^2}\cos\theta$ [lx], 수직면 조도 $E_v = \dfrac{I}{r^2}\sin\theta$ [lx]

- 입사각 코사인의 법칙(간판) : $E = \dfrac{I}{r^2}\cos\theta$ [lx]

⑦ 광속 발산도 : 단위 면적당 발산광속
- 기호 : R
- 단위 : 레드 럭스[rlx]
- $R = \dfrac{F}{S} \times \tau \times \eta$ [lm/m²][rlx]

※ 완전 확산면 : 어느 방향에서나 휘도(눈부심)가 같은 면(광원에 판을 사용하는 경우)
$$R = \pi B = \rho E = \tau E$$

⑧ 전등효율 η[lm/W]

$$\eta = \frac{출력(광속)}{입력(전력)} = \frac{F}{P} [\text{lm/W}]$$

⑨ 글로브효율 $\eta = \dfrac{\tau}{1-\rho}$

⑩ $\rho + \tau + \delta = 1$ 여기서, ρ : 반사율, τ : 투과율, δ : 흡수율

2. 루소선도

광원의 전광속 $F = \dfrac{2\pi}{r} \times S$[lm]

$$F = a \cdot S \ (a : 상수)$$

3. 온도 복사에 관한 법칙

온도를 높이면 백열상태가 되어 여러 가지 파장이 전자파로 복사되는 현상

① 스테판 볼츠만의 법칙 : 전 복사에너지는 절대 온도 4승에 비례

$$W = KT^4$$

여기서, K : 상수 $= 5.68 \times 10^{-8}$[W/㎡·K], T : 절대온도

② 비인의 변위법칙 : 파장은 절대온도에 반비례

$\lambda_m \propto \dfrac{1}{T}$ 여기서, λ : 파장, T : 절대온도

③ 플랑크의 복사법칙
- 분광 복사속의 발산도, 광고온계의 측정원리

4. 루미네선스 : 온도 복사를 제외한 모든 발광현상

① 형광 : 자극을 작용하는 동안만 발광
② 인광 : 자극이 없어진 후에도 수 분 내지 수 시간 발광을 지속

5. 발광에 필요한 법칙

① 파센의 법칙 : 평등 자계 하에서 방전개시 전압은 기체의 압력과 전극거리와의 곱에 비례
② 스토크스 정리 : 발광되는 파장은 발광시키기 위하여 가한 파장보다 길다.

6. 광원

① 백열전구
- 원리 : 온도 복사에 의한 발광
- 게터 : 필라멘트의 산화방지 및 수명연장
  - 진공용 전구(30[W] 이하에 사용) : 적린
  - 가스입 전구(30[W] 이상에 사용) : 질화바륨
- 필라멘트 재료 : 텅스텐
  - 구비조건 :
    ☞ 융해점이 높을 것

- ☞ 고유저항이 클 것
- ☞ 높은 온도에서 증발이 적을 것
- ☞ 선팽창계수가 적을 것
- ☞ 전기저항의 온도계수가 플러스 일 것
• 앵커 재료 : 몰리브덴
• 봉입가스
  - 아르곤 : 열전도율이 낮다, 효율증대
  - 질소 : 산화방지, 수면연장, 아크억제

② 특수 전구
• 할로겐 전구
  - 용량: 500~1500[W]
  - 효율 : 20~22[lm/W]
  - 수명 : 2,000~3,000[h]
  - 특성 : 백열전구에 비해 소형, 발생광속이 많고, 고휘도
    광색은 적색, 배광제어가 용이
  - 용도 : 경기장, 자동차용
• 적외선 전구
  - 적외선에 의한 가열, 건조 등 공업 분야에 이용
  - 방직, 염색
  - 필라멘트 온도 : 2,500[°K]
• EL 램프(유전체 램프)
    전체에 넣고 전계를 가하면 발광(면광원 램프)
• 내진전구
  - 필라멘트의 지지선이 많고 구조가 내진형
  - 선박, 철도, 차량 등 진동이 많은 장소에 설치

③ 형광등
• 원리 : 방전으로 발생된 2,537[Å]의 전자파가 형광 물질에 조사되어 가시광선 발생
• 특징
  - 주위 온도가 25[℃]일 때 효율 최대
  - 안정기 역률 : 50~60[%](고 역률 안정기 역률 : 85[%] 이상)
  - 스토크스 법칙 이용
  - 봉입가스 : 방전을 용이하게 하기 위해 아르곤 가스 사용
• 형광체의 광색

형광체	광색
텅스텐산 칼슘	청색
텅스텐산 마그네슘	청백색
붕산 카드뮴	분홍색

규산 아연	녹색(효율최대)
규산 카드뮴	주광색

④ 나트륨등
- 투과력 우수(안개 낀 지역, 터널 등에서 사용)
- 단색 광원으로 옥내 조명에 부적당
- 효율이 최대
  - 이론 상의 효율 $\eta = 395 [\text{lm/W}]$
  - 실제 효율 $\eta = 40 \sim 70 [\text{lm/W}]$
  - 가장 적당한 효율 $\eta = 80 \sim 150 [\text{lm/W}]$

⑤ 수은등
- 원리 : 수은 증기 중의 방전을 이용
- 발광관의 온도를 고온유지 : 2중관 (발광관 + 외관)을 사용
- 종류
  - 저압 수은등 : 스펙트럼 에너지 파장 : 2,537[Å]
  - 고압 수은등 : 효율이 좋고, 소형이며, 광속이 크므로 널리 사용
  - 초고압 수은등 : 증기압 10 기압 이상. 휘도가 큼

⑥ 네온관등
- 원리 : 양광주(가늘고 긴 유리관의 양단에 전극을 봉입하고 수[mmHg] 불활성가스의 방전 이용한 냉음극 방전등)
- 용도 : 광고등(네온 사인용)

⑦ 네온 전구
- 발광 원리 : 음극 글로우(부글로우)
- 용도
  - 소비전력이 적으므로 배전반의 파이럿 램프에 사용
  - 직류의 극성 판별용에 이용
  - 검전기 교류 파고치의 측정

⑧ 크세논 램프
- 높은 압력으로 봉입한 크세논 가스 중의 방전을 이용
- 연색성이 가장 우수(분광에너지와 주광에너지 분포가 비슷)

⑨ 무영등 : 그림자가 없는 등(수술실)

7. 조명 설계

① 옥내조명
- 실지수 $= \dfrac{XY}{H(X+Y)}$
- 광속법
  $FUN = EAD$

여기서, F : 광속[lm], U : 조명률, N : 등수[등]
E : 조도[lx], A : 면적[m²], D : 감광보상률

② 도로조명(1등 기준)
- $FUN = ESD$

  여기서, F : 등주 1개당의 광원 광속[lm],
  S : 면적[m],
  E : 도로면 위의 평균 조도[lx]

※ 도로조명 시 면적계산

- 양측(대칭)배열, 지그재그식 : $s = \dfrac{ab}{2}$

  여기서, a : 폭, b : 간격
- 중앙배열, 한쪽(편측)배열 : $s = ab$

③ 곡선구간조명 : 한쪽 배치 시에는 바깥쪽에 곡률반경이 작을수록 등간격을 짧게

④ 조명기구 하향 광속 비율
- 직접조명 : 90~100(%)
- 반직접조명 : 60~90(%)
- 간접조명 : 0~10(%)

CHAPTER 01 필수 기출문제

꼭! 나오는 문제만 간추린

01 시감도가 가장 좋은 광색은?
① 적색 ② 등색
③ 청색 ④ 황록색

해설 시감도 : 어느 파장의 에너지가 눈으로 보아 빛으로 느껴지는 정도
가시광선의 파장범위 : 380~760[mm]
여기서, 최대시감도는 파장 555[mm]인 황록색이다. 【답】④

02 광속이란 무엇인가?
① 복사 에너지를 눈으로 보아 빛으로 느끼는 크기를 나타낸 것
② 단위 시간에 복사되는 에너지의 양
③ 전자파 에너지를 얼마만큼의 밝기로 느끼게 하는가를 나타낸 것
④ 복사속에 대한 광속의 비

해설
• 광속 : 복사 에너지를 눈으로 보아 빛으로 느끼는 크기를 나타낸 것
• 복사속 : 단위 시간에 복사되는 에너지의 양, $P = \dfrac{W}{t}$ [J/sec], [W]
• 조도 : 전자파 에너지를 얼마만큼의 밝기로 느끼게 하는가를 나타낸 것. 단위 면적당 입사광속
• 시감도 : 복사속에 대한 광속의 비. 시감도 $= \dfrac{광속}{복사속}$ [lm/W] 【답】①

03 전등효율이 16.3[lm/W]인 100[W] 가스입 전구의 전광속이 1,630[lm]일 때, 이 균등 점광원의 구면광도 I는 약 몇 [cd]인가?(단, 모든 방향의 광도가 일정한 점광원을 균등 점광원이라 한다)
① 99.71 ② 109.71
③ 119.71 ④ 129.71

해설 구광원(점광원) $F = 4\pi I$[lm]에서 광도 $I = \dfrac{F}{4\pi} = \dfrac{1,630}{4\pi} = 129.71$[cd] 【답】④

04 20[cm²]의 면적에 0.5[lm]의 광속이 조사하고 있다. 이 면의 조도[lx]는?
① 200 ② 250
③ 300 ④ 350

해설 조도 $E = \dfrac{F}{S} = \dfrac{0.5}{20 \times 10^{-4}} = 250$[lx] 【답】②

05 ★★★★★ 조도는 광원으로부터의 거리와 어떠한 관계가 있는가?
① 거리에 비례한다. ② 거리에 반비례한다.
③ 거리의 제곱에 반비례한다. ④ 거리의 제곱에 비례한다.

해설 조도 : 거리의 역제곱의 법칙
$$E = \frac{F}{S} = \frac{4\pi I}{4\pi r^2} = \frac{I}{r^2} \,[\text{lx}]$$
따라서 조도는 거리의 제곱에 반비례한다.

【답】③

06 광원에서 3[m] 떨어진 점의 조도가 200[lx]이었다면 이 방향의 광도[cd]는?

① 1,800　　② 2,000
③ 2,500　　④ 3,000

해설 조도는 거리의 역제곱의 법칙
$E = \dfrac{I}{r^2}$ 에서
광도 $I = E \cdot r^2 = 200 \times 3^2 = 1,800\,[\text{cd}]$

【답】①

07 점광원 150[cd]에서 5[m] 떨어진 곳의 그 방향과 직각인 면과 기울기 60°로 설치된 간판의 조도는 몇 [lx]인가?

① 1　　② 2
③ 3　　④ 4

해설 입사각 코사인의 법칙
$E = \dfrac{I}{r^2} \cos\theta = \dfrac{150}{5^2} \times \cos 60° = 3\,[\text{lx}]$

【답】③

08 ★★★★★
그림과 같이 광원 L에서 P점 방향의 광도가 50[cd]일 때 P점의 수평면 조도는?

① 0.6[lx]　　② 0.8[lx]
③ 1.2[lx]　　④ 1.6[lx]

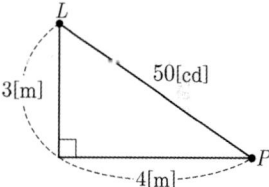

해설 수평면 조도
$$E = \dfrac{I}{r^2} \cos\theta = \dfrac{50}{(\sqrt{4^2+3^2})^2} \times \dfrac{3}{\sqrt{4^2+3^2}} = \dfrac{50}{25} \times \dfrac{3}{5} = 1.2\,[\text{lx}]$$
여기서 $\cos\theta = \dfrac{3}{\sqrt{3^2+4^2}}$

【답】③

09 그림과 같이 높이 5[m]의 가로등 A, B가 24[m]의 간격으로 배치되어 있고, 그 중앙 P점에서 조도계를 A를 향하게 하여 측정한 법선 조도가 1[lx], B로 향하게 하여 측정한 법선 조도가 0.8[lx]가 되었다. P점의 수평면 조도[lx]를 구하시오.

① 1.8　　② 1.66
③ 0.69　　④ 4.32

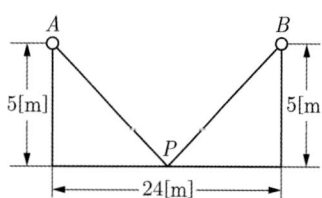

해설

법선조도 $E_n = \dfrac{I}{r^2}$[lx]이며

등기구 A에 의한 P점의 수평면 조도 : $E = \dfrac{I}{r^2}\cos\theta = 1 \times \dfrac{5}{13} = \dfrac{5}{13}$[lx]

등기구 B에 의한 P점의 수평면 조도 : $E = \dfrac{I}{r^2}\cos\theta = 0.8 \times \dfrac{5}{13} = \dfrac{4}{13}$[lx]

따라서 P점의 수평면 조도는 $E = \dfrac{5}{13} + \dfrac{4}{13} = \dfrac{9}{13} = 0.69$[lx]

【답】③

10

h[m]의 높이에 있는 점광원에 의한 직사 조도에서 수평면 조도와 수직면 조도가 같게 되는 조건은? 단, 광원의 직하 점에서 구하는 조도 점까지의 거리를 d[m]라 한다.

① $h = 0.5d$ ② $h = d$
③ $h = 1.5d$ ④ $h = 2d$

해설

- 수평면 조도 $E_h = \dfrac{I}{r^2}\cos\theta$[lx]
- 수직면 조도 $E_v = \dfrac{I}{r^2}\sin\theta$[lx]

따라서 수평면 조도와 수직면 조도가 같게 되는 조건 : $\cos\theta = \sin\theta$
∴ $\theta = 45°$, $h = d$

【답】②

11

지름 1[m]의 원형 탁자의 중심에서의 조도가 500[lx]이고, 중심에서 멀어짐에 따라 조도는 직선으로 감소하여 주변에서의 조도는 100[lx]가 되었다. 평균 조도[lx]는?

① 283 ② 233
③ 123 ④ 332

해설

평균 조도 $E_{av} = \dfrac{100 + 500 + 100}{3} = 233$[lx]

【답】②

12

★★★★★

그림과 같은 점광원으로부터 원뿔 밑면까지의 거리가 4[m]이고, 밑면의 반지름이 3[m]인 원형면의 평균 조도가 100[lx]라면 이 점광원의 평균 광도[cd]는?

① 225 ② 250
③ 2,250 ④ 2,500

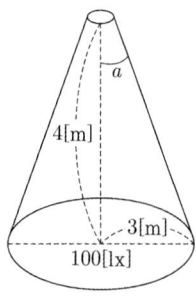

해설

광도 : 발산광속의 입체각 밀도

$I = \dfrac{F}{\omega} = \dfrac{E \cdot S}{2\pi(1-\cos\theta)}$ 에서

$= \dfrac{100 \times \pi \times 3^2}{2\pi(1-\dfrac{4}{5})} = 2,250$[cd]

【답】③

13 균일한 휘도를 가진 긴 원통(원주) 광원의 축 중앙 수직 방향의 광도가 150[cd]이다. 이 원통 광원의 구면 광도[cd]는?

① 117
② 120
③ 136
④ 147

해설 원통 광원의 전광속 $F = \pi^2 I = 3.14^2 \times 150 = 1,480[lm]$
구광원의 광속 $F = 4\pi I$에서 $\therefore I = \dfrac{F}{4\pi} = \dfrac{1,480}{4\pi} = 117[cd]$

【답】 ①

14 다음 중 휘도의 단위는 어느 것인가?

① [lx]
② [rlx]
③ [cd]
④ [sb]

해설 휘도 $B = \dfrac{I}{S}[cd/m^2]$
- $1[nt] = 1[cd/m^2]$
- $1[sb] = 1[cd/cm^2]$

【답】 ④

15 직경 50[cm]의 완전 확산성의 글로브의 중심에 각 방향으로 100[cd]의 광도를 갖는 전구를 넣으면 글로브의 표면의 휘도는 약 몇 [sb]인가? 단, 글로브의 투과율은 95[%]이다.

① 0.0242[sb]
② 0.0484[sb]
③ 0.0510[sb]
④ 0.1936[sb]

해설 휘도 $B = \dfrac{I}{S} \times \tau = \dfrac{I}{\pi r^2} \times 0.95$
$= \dfrac{100}{\pi \times 25^2} \times 0.95 \fallingdotseq 0.0484[sb]$
여기서, $1[sb] = 1[cd/cm^2]$

【답】 ②

16 완전 확산면의 광속 발산도가 2,000[rlx]일 때, 휘도는 약 몇 [cd/cm²]인가?

① 0.2
② 0.064
③ 0.682
④ 637

해설 완전 확산면(어느 방향에서 보아도 휘도가 같은 면)
$R = \pi B = \rho E = \tau E$
$\therefore B = \dfrac{R}{\pi} = \dfrac{2,000}{3.14}[cd/m^2][nt]$이며
따라서 $B = \dfrac{2,000}{3.14} \times 10^{-4} = 0.064[cd/cm^2]$

【답】 ②

17 천장에 장치한 가로 20[cm], 세로 60[cm]의 우유빛 유리판이 300[lm]의 광속을 발산하고 있다. 유리면의 광속 발산도는 얼마인가?

① 5,500[rlx]
② 2,500[rlx]
③ 3,500[rlx]
④ 1,500[rlx]

해설 광속 발산도 $R = \dfrac{F}{S} = \dfrac{300}{0.2 \times 0.6} = 2,500[rlx]$

【답】 ②

18 반사율 ρ, 투과율 τ, 반지름 r인 완전 확산성 구형 글로브의 중심의 광도 I의 점광원을 켰을 때, 광속 발산도는?

① $\dfrac{\rho I}{r^2(1-\rho)}$ ② $\dfrac{4\pi\rho I}{r^2(1-\tau)}$

③ $\dfrac{\tau I}{r^2(1-\rho)}$ ④ $\dfrac{\rho\pi I}{r^2(1-\rho)}$

해설 광속 발산도 $R = \dfrac{F}{S} \times \eta = \dfrac{4\pi I}{4\pi r^2} \times \dfrac{\tau}{1-\rho} = \dfrac{\tau I}{r^2(1-\rho)}$ [rlx]

여기서, 글로브 효율 $\eta = \dfrac{\tau}{1-\rho}$

【답】③

19 완전확산면은 어느 방향에서 보아도 무엇이 같은가?

① 광속 ② 조도
③ 광도 ④ 휘도

해설 완전확산면 : 어느 방향에서 보아도 휘도가 같은 면

【답】④

20 완전 확산면의 휘도 B와 광속 발산도 R와의 관계는?

① $R = 4\pi B$ ② $R = B/\pi$
③ $R = \pi B$ ④ $R = \pi^2 B$

해설 완전 확산면 : 어느 방향에서 보아도 휘도가 같은 면
$R = \pi B = \rho E = \tau E$ [rlx]
여기서, ρ는 반사율, τ는 투과율

【답】③

21 휘도가 B인 무한히 넓은 등휘도 완전 확산성 천장 바로 아래 h인 거리에 있는 점의 수평조도는?

① $\dfrac{B}{h^2}$ ② $\dfrac{B}{h}$

③ πB ④ $\dfrac{\pi B}{h}$

해설 완전 확산면 $R = \pi B = \rho E = \tau E$ 에서 반사율과 투과율을 무시하면 $E = \pi B$

【답】③

22 100[cd]의 점광원의 하방 1[m] 되는 곳에 있는 반사율 70[%]인 백색판의 광속 발산도[rlx]는?

① 70 ② 20
③ 0.7 ④ 220

해설 조도 $E = \dfrac{I}{r^2} = \dfrac{100}{1^2} = 100$ [lx]

여기서, 유리판이나 백색 판은 완전확산면이므로 $R = \pi B = \rho E = \tau E$
광속 발산도 $R = \rho E = 0.7 \times 100 = 70$ [rlx]

【답】①

23 반사율 10[%], 흡수율 20[%]인 5.6[m²]의 유리면에 광속 1,000[lm]인 광원을 균일하게 비추었을 때, 그 이면의 광속 발산도[rlx]는? 단, 전등 기구 효율은 80[%]이다.
① 100
② 114
③ 129
④ 142

해설 $\rho+\tau+\alpha=1$ 에서
투과율 $\tau = 1-\rho-\alpha = 1-0.1-0.2 = 0.7$
광속 발산도 $R = \dfrac{F'}{S} \times \eta$ 에서
투과광속 $F' = \tau F = 0.7 \times 1,000 = 700$
광속 발산도 $R = \dfrac{F'}{S} \times \eta = \dfrac{700}{5.6} \times 0.8 = 100[\text{rlx}]$

【답】①

24 투과율 30[%], 흡수율 10[%]의 완전 확산성의 종이를 200[lx]의 조도로 비쳤을 때 종이의 휘도 [cd/m²]를 구하면?
① 12.7
② 19.1
③ 38.2
④ 6.37

해설 완전확산면 $R = \pi B = \rho E = \tau E$ 에서
휘도 $B = \dfrac{\tau E}{\pi} = \dfrac{0.3 \times 200}{3.14} = 19.1[\text{cd/m}^2]$

【답】②

25 다음 설명 중 잘못된 것은?
① 조도의 단위는 [lx]=[lm/m²]이다.
② 광속 발산도 단위[lm/m]를 [radient lux]라 하여 [lx]로 표시한다.
③ 광도의 단위는 [lm/sterad]로 [candela]라 하여 [cd]로 표시한다.
④ 휘도 보조 단위로는 [cd/cm²]를 사용하고 [Stilb]라 하여 [sb]로 표시한다.

해설
- 조도 $E = \dfrac{F}{S}[\text{lm/m}^2][\text{lx}]$
- 광속 발산도 $R = \dfrac{F}{S}[\text{lm/m}^2][\text{rlx}]$
- 광도 $I = \dfrac{F}{\omega}[\text{cd}][\text{lm/sr}]$
- 휘도 $B = \dfrac{I}{S}[\text{nt}][\text{cd/m}^2]$ 또는 $[\text{sb}][\text{cd/cm}^2]$

【답】②

26 ★★★★★ 반사율 ρ, 투과율 τ, 흡수율 δ일 때 이들의 관계식은?
① $\rho+\tau-\delta=1$
② $\rho-\tau+\delta=1$
③ $\rho+\tau+\delta=1$
④ $\rho-\tau-\delta=1$

해설 $\rho+\tau+\delta=1$
여기서, 반사율 ρ, 투과율 τ, 흡수율 δ

【답】③

27 200[W] 전구를 우유색 구형 글로브에 넣었을 경우 우유색 유리 반사율을 30[%], 투과율은 50[%]라고 할 때 글로브의 효율 [%]을 구하면?

① 약 88   ② 약 83
③ 약 76   ④ 약 71

해설 글로브의 효율 $\eta = \dfrac{\tau}{1-\rho} \times 100 = \dfrac{0.5}{1-0.3} \times 100 = 71[\%]$

【답】④

28 40[W] 2중 코일 텅스텐 전구의 표준 광속이 500[lm]이다. 이때 전등효율[lm/W]은?

① 12.5   ② 11
③ 14   ④ 15.5

해설 전등효율 $\eta = \dfrac{F}{P} = \dfrac{500}{40} = 12.5 [\text{lm/W}]$

【답】①

29 ★★★★★ 40[W] 백색 형광 방전등의 광속이 2,400[lm]인 때의 안정기의 손실이 8[W]이면 효율[lm/W]은?

① 70   ② 60
③ 50   ④ 40

해설 조명효율 $\eta = \dfrac{F}{P} = \dfrac{2,400}{40+8} = 50 [\text{lm/W}]$

【답】③

30 ★★★★★ 반지름 a, 휘도 B인 완전 확산형 구면 광원의 중심에서 h 거리의 점에서 이 광원의 중심으로 향하는 조도는?

① $\pi B a^2$

② $\dfrac{\pi B a^2}{h^2}$

③ $\pi B a^2 h$

④ πB

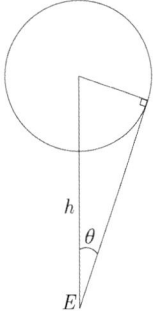

해설 구면 광원의 중심에서 h되는 거리의 점에서 이 광원의 중심으로 향하는 조도

$E_h = \pi B \sin^2 \theta$ 여기서, $\sin \theta = \dfrac{a}{h}$

$\therefore E_h = \pi B \dfrac{a^2}{h^2}$

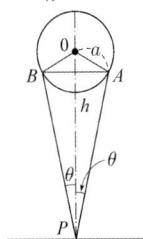

【답】②

31 루소 선도에서 전광속 F와 루소 선도의 면적 S 사이에는 어떠한 관계가 성립하는가?
단, a 및 b는 상수이다.

① $F = \dfrac{a}{S}$ ② $F = aS$

③ $F = aS + b$ ④ $F = aS^2$

해설 루소선도
광원의 전광속 $F =$ 루소선도 면적 $\times \dfrac{2\pi}{r}$ [lm] ∴ $F = \dfrac{2\pi}{r} \times S$ $F = a \cdot S$ ($a =$ 상수)

【답】②

32 어떤 전구의 상반구 광속은 2,000[lm], 하반구 광속은 3,000[lm]이다. 평균 구면 광도는 약 몇 [cd]인가?

① 200 ② 400
③ 600 ④ 800

해설 총광속 $F = 2,000 + 3,000 = 5,000$ [lm]
구광원 $F = 4\pi I$에서
$I = \dfrac{F}{4\pi} = \dfrac{5,000}{4\pi} ≒ 400$ [cd]

【답】②

33 루소 선도가 다음 그림과 같은 광원의 배광곡선의 식을 구하여라.

① $I_\theta = 100 \cos\theta$ ② $I_\theta = 50(1 - \cos\theta)$

③ $I_\theta = \dfrac{20}{\pi} 100$ ④ $I_\theta = \dfrac{\pi - 2\theta}{\pi} 100$

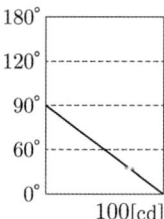

해설 배광곡선의 식
① $0° \rightarrow 100$[cd]
② $60° \rightarrow 50$[cd]
③ $90° \rightarrow 0$[cd]이므로 배광곡선의 식은 $I_\theta = 100 \cos\theta$가 된다.

【답】①

34 루소 선도가 그림과 같은 광원의 배광곡선의 식을 구하면?

① $I_\theta = \dfrac{\theta}{\pi} \cdot 100$

② $I_\theta = \dfrac{\pi - \theta}{\pi} \cdot 100$

③ $I_\theta = 100 \cos\theta$

④ $I_\theta = 50(1 + \cos\theta)$

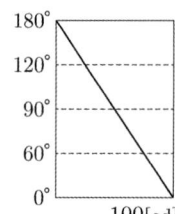

해설 배광곡선의 식
① $0° \rightarrow 100$[cd]
② $90° \rightarrow 50$[cd]
③ $180° \rightarrow 0$[cd]이므로
배광곡선의 식은 $I_\theta = 50(1 + \cos\theta)$가 된다.

【답】④

35 루소 선도가 그림과 같이 표시되는 광원의 하반구 광속은 약 얼마인가?

① 471
② 940
③ 1,880
④ 7,500

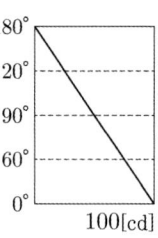

해설 광원의 전광속 F = 루소선도 면적 $\times \dfrac{2\pi}{r}$ [lm]

∴ $F = \dfrac{2\pi}{r} \times S$ $F = a \cdot S$ (a = 상수)

하반구 면적 $S = 100 \times 100 \times \dfrac{3}{4} = 7,500$, 하반구 광속 $F = \dfrac{2\pi}{100} \times 7,500 = 471$ [lm]

【답】 ①

---

36 발광 현상에서 복사에 관한 법칙이 아닌 것은?

① 슈테판–볼츠만의 법칙
② 빈의 변위 법칙
③ 입사각의 코사인 법칙
④ 플랑크의 법칙

해설 온도 복사 : 온도를 높이면 백열상태가 되어 여러 가지 파장이 전자파로 복사되는 현상
• 슈테판 볼츠만의 법칙 : 전 복사에너지는 절대온도 4승에 비례 $W = KT^4$
• 비인의 변위법칙 : 파장은 절대온도에 반비례 $\lambda_m \propto \dfrac{1}{T}$
• 플랑크의 복사법칙 : 분광 복사속의 발산도
여기서, 입사각의 코사인 법칙은 조도 구하는 방법이다.

【답】 ③

---

37 온도 방사에 관한 플랑크의 식 $E(\lambda, T) = \dfrac{C_1}{\lambda^5} \cdot \dfrac{1}{e^{C_2/\lambda T} - 1}$ [W/cm²·μ]는 무엇을 나타내는가?

① 방사 발산도
② 최대 방사속에 대한 파장
③ 분광 방사속 발산도
④ 단위 시간당 방사 에너지

해설 플랑크의 복사법칙
• 분광 복사속의 발산도
• 광고온계의 측정원리

【답】 ③

---

38 절대 온도가 3,000[°K]인 흑체의 복사에너지는 1,000[°K]일 때 복사에너지의 몇 배가 되는가?

① 3
② 9
③ 81
④ 27

해설 스테판 볼츠만의 법칙 : 복사에너지는 절대 온도 4승에 비례 $W = \sigma T^4$ [W/cm²]

$W \propto T^4 = \left(\dfrac{3,000}{1,000}\right)^4 = 81$ 배

【답】 ③

---

39 ★★★★★ 방전 개시 전압을 나타내는 법칙은?

① 스토크스의 법칙
② 패닝의 법칙
③ 파센의 법칙
④ 톰슨의 법칙

해설 파셴(Paschen)의 법칙
방전 개시 전압은 일정한 전극 금속과 기체의 조합에서는 압력과 관의 길이의 곱에만 관계
【답】③

40 평등 전계하에서 방전 개시 전압은 기체의 압력과 전극거리와의 곱의 함수가 된다는 것은 다음의 법칙은 어느 법칙에 해당되는가?
① 스토크스의 법칙
② 스테판-볼츠만의 법칙
③ 파셴의 법칙
④ 플랑크의 법칙

해설 파셴의 법칙 : 평등 자계 하에서 방전개시 전압은 기체의 압력과 전극 거리와의 곱에 비례
【답】③

41 백열전구에 사용되는 필라멘트 재료의 구비조건으로 틀린 것은?
① 융융점이 높을 것
② 고유저항이 클 것
③ 선팽창 계수가 높을 것
④ 높은 온도에서 증발이 적을 것

해설 필라멘트의 구비조건
• 융해점이 높을 것
• 고유저항이 클 것
• 높은 온도에서 증발이 적을 것
• 선팽창계수가 적을 것
【답】③

42 백열전구의 앵커에 사용되는 재료는?
① 철
② 크롬
③ 망간
④ 몰리브덴

해설 앵커(anchor) : 필라멘트를 점화 시에 움직이지 않도록 지지하는 것. 몰리브덴 선 사용
【답】④

43 텅스텐 필라멘트 전구에서 2중 코일의 주목적은?
① 수명을 길게 한다.
② 광색을 개선한다.
③ 휘도를 줄인다.
④ 배색을 개선한다.

해설 필라멘트의 2중 코일 : 수명을 길게 하기 위해 사용
【답】①

44 진공 전구에 적린 게터(getter)를 사용하는 이유는?
① 광속을 많게 한다.
② 전력을 적게 한다.
③ 효율을 좋게 한다.
④ 수명을 길게 한다.

해설 게터(getter) : 필라멘트의 산화방지 및 수명연장
【답】④

45 백열전구 중 30[W] 이하의 진공구에 사용되는 게터는?
① 적린
② 질화바륨
③ 탄산칼슘
④ 크롬

해설 게터(getter)
① 적린 : 40[W] 미만 전구, 진공 전구
② 질화 바륨 : 40[W] 이상
【답】①

46 할로겐 전구의 특징으로 옳지 않은 것은?

① 연색성이 우수하다. ② 휘도가 높다.
③ 단위 광속이 크다. ④ 배광제어가 어렵다.

해설 할로겐 전구의 특징
- 백열전구에 비해 소형이다.
- 발생광속이 많고, 고휘도 전구이다.
- 광색은 적색이다.
- **배광제어가 용이**하다.
- 연색성이 우수

【답】④

47 루미네선스의 발광 지속시간에 따른 분류 중 자극이 사라진 후에도 어느 정도 지속적으로 발광을 계속하는 것은?

① 마찰 ② 인광
③ 광속 ④ 형광

해설
- 형광 : 자극을 주는 조사가 계속되는 동안만 발광 현상을 일으키는 것
- 인광 : 자극이 멈춘 후까지도 계속하여 발광하는 것

【답】②

48 다음 광원 중 루미네선스에 의한 발광 현상을 이용하지 않는 것은?

① 형광등 ② 수은등
③ 백열전구 ④ 네온전구

해설 발광의 원리
- 온도복사(백열전구, 할로겐램프 등)
- 루미네선스 : 온도복사를 제외한 발광현상

【답】③

49 휘발성 금속 원소 또는 그 염류를 가스의 불꽃 속에 넣을 때 금속증기가 발생하는 루미네선스(Luminescence)는?

① 화학 루미네선스 ② 열 루미네선스
③ 결정 루미네선스 ④ 파이로 루미네선스

해설 파이로(불꽃) 루미네선스 : 휘발성 금속 원소 또는 그 염류를 가스의 불꽃 속에 넣을 때 금속증기가 발생하는 루미네선스

【답】④

50 전자식 안정기의 문제점으로 틀린 것은?

① 고조파 함유율이 낮다.
② 전압변동 및 서지 전압에 취약하다.
③ 고조파 장해로 가전제품, 통신기기, OA기기, FA기기에 영향을 준다.
④ 순간점등으로 높은 피크 전압에 의해 등 흑화 현상이 발생한다.

해설 전자식 안정기의 문제점
- 전압변동 및 서지전압에 약하다.
- 고조파 함유율이 높다.
- 고조파 장해(가전제품, 통신기기, 자동화기기)
- 순간점등으로 피크전압에 의한 램프 흑화현상 발생

【답】①

51. 형광등에 사용되는 형광체의 종류가 아닌 것은?

① 규산 카드뮴
② 붕산 카드뮴
③ 규산 아연
④ 황산 나트륨

해설 형광 램프의 형광체
- 텅스텐산 칼슘: 청색
- 규산 아연 : 녹색 (효율 최대)
- 규산 카드뮴: 주광색
- 붕산 카드뮴 : 분홍색

【답】④

52. 파장 폭이 좁은 3가지의 빛을 조합하여 효율이 높은 백색 빛을 얻는 3파장 형광램프에서 3가지 빛이 아닌 것은?

① 황색
② 청색
③ 적색
④ 녹색

해설 3파장 형광등 : 청색, 녹색, 적색 파장대의 빛. 자연광에 유사하도록 설계

【답】①

53. 다음 형광 방전관의 색깔 중 그 온도가 가장 높은 것은?

① 백색
② 주광색
③ 은백색
④ 적색

해설 형광등의 색온도
- 주광색 : 6,500[°K]
- 백색 : 4,500[°K]
- 은백색 : 3,000[°K]

【답】②

54. 형광등에 대한 설명으로 옳지 않은 것은?

① 형광등의 양 끝단이 검게 되는 현상을 흑화현상이라고 한다.
② 유리관내부에 수은과 아르곤 가스를 봉입한다.
③ 형광등은 고압 수은등의 일종이다.
④ 유리관 내부에는 형광 물질이 도포되어 있다.

해설 형광등
- 수은 증기의 방전으로 발생하는 자외선을 형광물질에 의해 가시광선으로 바꾸어 발광
- 수은과 불활성 가스(아르곤 가스) 봉입
- 흑화현상 : 형광등의 양 끝단이 검게 되는 현상

【답】③

55. 다음 중 형광등의 특성으로 틀린 것은?

① 열발산이 거의 없다.
② 휘도가 낮다.
③ 전원전압의 변화에 대한 광속 변동이 적다.
④ 전원주파수의 변동은 광속에 영향을 미치지 않는다.

해설
- 형광등의 전압특성에서 전압의 변동은 플리커(깜박거림)현상을 발생시키며, 따라서 전압의 변화는 적을수록 유리하다.
- 전원전압의 변화 시 광속, 전류 및 전력은 전원전압에 비례하여 변화한다.

【답】③

56 FL-20D 형광등의 전압이 100[V], 전류가 0.35[A], 안정기의 손실이 5[W]일 때 역률은 몇 [%]인가?

① 약 57 ② 약 65
③ 약 71 ④ 약 85

해설 FL-20D : 20[W] 주광색 형광등
- 형광 램프의 소비전력 $P = 20 + 5 = 25[W]$
- 역률 $\cos\theta = \dfrac{P}{VI} = \dfrac{25}{100 \times 0.35} \times 100 = 71.5[\%]$

【답】③

57 터널 내의 배기가스 및 안개 등에 대한 투과력이 우수하여 터널조명, 교량조명, 고속도로 인터체인지 등에 많이 사용되는 방전등은?

① 수은등 ② 나트륨등
③ 크세논등 ④ 메탈할라이드등

해설 나트륨등의 특징
- 투과력이 좋다(안개 낀 지역, 터널 등에서 사용)
- 단색 광원(순황색)으로 옥내 조명에 부적당
- 효율이 가장 우수
- D선 [5,890Å~5,896Å]을 광원으로 이용

【답】②

58 ★★★★★ 저압 나트륨등의 특성에 관한 설명으로 옳지 않은 것은?

① 포화증기압은 4×10^{-3}[mmHg]이다.
② 광원의 광색이 단일색광이다.
③ 요철 식별이 우수하고 연색성이 좋다.
④ 간선도로, 터널 등의 도로조명에 주로 사용된다.

해설 나트륨등
- 투시력이 좋다. (안개 낀 지역, 터널 등에서 사용)
- 단색 광원(순황색)으로 옥내 조명에 부적당
- 효율이 우수(80~150[lm/W])
- D선 ([5,890[Å] ~ 5,896[Å]]을 광원으로 이용
- 연색성이 좋지 않다.

【답】③

59 네온전구의 설명으로 잘못된 것은?

① 소비 전력이 적으므로 배전반의 파일럿, 종야 등에 적합하다.
② 일정 전압에서 점화하므로 검전기, 교류 파고값 측정에 필요 없다.
③ 음극만 빛나므로 직류의 극성 판별용에 사용된다.
④ 빛의 관성이 없고 어느 범위 내에서는 광도의 전류가 비례하므로 오실로스코프용 스트로보스코프 등에 이용된다.

해설 네온 전구
- 발광 원리 : 음극 글로우 (부글로우)
- 용도
  - 소비전력이 적으므로 배전반의 파일럿, 종야등에 적합
  - 음극만이 빛나므로 직류의 극성 판별용에 이용
  - 일정 전압에서 점화하므로 검전기 교류 파고치의 측정에 쓰임

【답】②

60 적외선전구를 사용하는 건조과정에서 건조에 유효한 파장인 1~4[μm]의 방사파를 얻기 위한 적외선 전구의 필라멘트 온도[°K]범위는?

① 1,800~2,200
② 2,200~2,500
③ 2,800~3,000
④ 2,800~3,200

해설 적외선 가열(건조) : 적외선 전구의 방사열에 의하여 피조물 가열하여 건조
• 적외선 전구의 필라멘트 온도 : 2,500[°K]

【답】②

61 특수 형광 물질과 유전체가 혼합된 형광체에 교류 전압을 가하여 발광시킨 면광원 램프는?

① 나트륨램프
② EL 램프
③ 크세논램프
④ 형광 램프

해설 EL(electro luminescent)램프
• 전체에 넣고 전계를 가하면 발광(면광원 램프)

【답】②

62 크세논등에 대한 설명으로 옳지 않은 것은?

① 기동장치가 필요하다.
② 영사용 광원, 광학기용 광원, 투광용광원 등으로 사용된다.
③ 자연주광과 비슷하고 휘도는 낮다.
④ 크세논 가스 중의 방전을 이용한다.

해설 크세논 등 : 크세논 가스 중의 방전을 이용, 기동장치가 필요(가격이 고가)
연색성 가장 우수, **휘도가 높다.**
영사용 광원, 광학기용 광원, 투광용 광원

【답】③

63 광원의 연색성이 좋은 순서부터 바르게 배열한 것은?

① 나트륨등, 메탈할라이드등, 크세논등
② 나트륨등, 크세논등, 메탈할라이드등
③ 메탈할라이드등, 나트륨등, 크세논등
④ 크세논등, 메탈할라이드등, 나트륨등

해설 • 연색성 : 광원에 따라 어떤 색이 그 본래의 색과 달리 변하는 성질 또는 그 변화의 정도
• 연색성이 우수한 순서 : 크세논등 > 메탈할라이드등 > 나트륨등

【답】④

64 무영등(無影燈)의 사용이 절실히 요구되는 곳은?

① 수술실
② 초정밀 가공실
③ 축구 경기장
④ 천연색 촬영실

해설 무영등
• 그림자가 생기지 않는 등
• 수술실 등에 필요

【답】①

65 사무실, 공장에 적당한 조명 방식은?

① 전반 조명
② 국부 조명
③ 전반 국부 병용 조명
④ 중점 배열 조명

해설 일반 장소

- 전반 국부 병용 조명이 이용
- 사무실, 공장 등에 사용

【답】③

66 방전등에 속하지 않는 것은?
① 수은등
② 할로겐등
③ 형광 수은등
④ 메탈 할라이트등

해설 발광의 원리
- **온도복사**(백열전구, 할로겐램프 등)
- 방전등(형광등, 수은등, 나트륨등, EL램프 등)

【답】②

67 방의 폭이 X[m], 길이가 Y[m], 작업 면으로부터 광원까지의 높이가 H[m]일 때 실지수 K는?
① $K = \dfrac{H(X+Y)}{XY}$
② $K = \dfrac{Y(X+Y)}{XH}$
③ $K = \dfrac{XY}{H(X+Y)}$
④ $K = \dfrac{X(X+Y)}{YH}$

해설 실지수 $K = \dfrac{XY}{H(X+Y)}$
여기서, 방의 폭이 X[m], 길이가 Y[m], 높이가 H[m]

【답】③

68 조명률에 관계없는 사항은?
① 조명 기구
② 방지수
③ 실내면의 반사율
④ 보수 상태

해설 **조명률** : 방지수(실지수), 조명 기구의 종류, 실내면(천장, 벽, 바닥 등)의 반사율

【답】④

69 가로 15[m], 세로 20[m]인 사무실에 천장을 완전 확산성 유리로 덮고 뒷면에 전광속이 2,850[lm]인 40[W] 백색 LED등을 설치하여 평균조도 200[lx]의 간접조명을 만들었다. 필요한 등수(개)는? (단, 조명률은 30[%], 감광보상률은 2이다)
① 21
② 41
③ 71
④ 141

해설 $FUN = ESD$에서
$N = \dfrac{ESD}{FU} = \dfrac{15 \times 20 \times 200 \times 2}{2,850 \times 0.3} = 140.35$[등]

【답】④

70 1,000[lm]의 광속을 방사하는 전등 10개를 100[m²]의 실에 설치하였다. 조명률을 0.5, 감광보상률을 1.5라고 하면 실의 평균조도는?
① 약 33[lx]
② 약 50[lx]
③ 약 75[lx]
④ 약 150[lx]

해설 $FUN = ESD$에서
조도 $E = \dfrac{FUN}{SD} = \dfrac{1,000 \times 0.5 \times 10}{100 \times 1.5} = 33.3$[lx]

【답】①

71 36[m]×40[m]인 테니스 코트를 메탈할라이드 램프 400[W]를 사용하여 투광조명을 하려고 한다. 필요한 투광기는 몇 개인가?(단, 설계조도 250[lx], 조명률 0.37, 보수율 0.75, 램프광속은 34,000[lm]이다)

① 24
② 28
③ 31
④ 38

해설

$FUN = ESD$에서 등수 $N = \dfrac{ESD}{FU} = \dfrac{250 \times (36 \times 40) \times \dfrac{1}{0.75}}{34,000 \times 0.37} ≒ 38$[등]

여기서, 감광보상률 $D = \dfrac{1}{M}$, M : 유지율 or 보수율

【답】 ④

72 ★★★★★
평균 구면광도 200[cd]의 전구 5개를 지름 10[m]인 원형의 방에 설치하였다. 조명율이 0.5라고 하면 이 방의 평균조도[lx]는 얼마인가?(단, 유지율은 1이다)

① 40
② 60
③ 80
④ 100

해설

$FUN = ESD$에서 구광원 $F = 4\pi I = 4\pi \times 200$[lm]

방면적 $s = \pi r^2 = \pi \times 5^2 = 25\pi$[m²]

조도 $E = \dfrac{FUN}{SD} = \dfrac{800\pi \times 0.5 \times 5}{25\pi \times 1} = 80$[lx]

【답】 ③

73 ★★★★★
발산광속 중 상향광속이 90~100[%], 하향광속은 10[%] 정도이므로 거의 발산광속을 윗방향으로 확산시키는 조명방식은?

① 반간접 조명방식
② 간접 조명방식
③ 직접 조명방식
④ 전반확산 조명방식

해설 조명방식에 의한 분류

조명방식	하향광속[%]	상향광속[%]
직접 조명	100~90	0~10
반직접 조명	90~60	10~40
전반 확산조명	60~40	40~60
반간접조명	40~10	60~90
간접조명	**10~0**	**90~100**

【답】 ②

CHAPTER 02 전열공학

전열 계산·전기회로와 열회로의 비교·열량계산·전기가열·전열재료·온도측정·전기용접·기타 용접 및 가열

열량의 환산

전열계산에서 사용되는 열량의 환산은 다음과 같다.
1[kcal] : 1[kg]의 물을 1[℃] 가열하는 데 필요한 열량
1[cal] : 1[g]의 물을 1[℃] 가열하는 데 필요한 열량
① 1[J]=0.24[cal]
   1[cal]=4.2[J]
② 1[kWh]=860[kcal]
③ 1[BTU]=0.252[kcal]=252[cal]
   여기서, [BTU]는 British Thermal Unit로 영국의 온도단위이다.

전기회로와 열회로의 비교

전기회로와 열회로는 유사성이 있으며 이를 비교하면 다음과 같으며 열회로의 각각의 구성요소는 다음과 같다.

전기			전열			공업용
명칭	기호	단위	명칭	기호	단위	단위
전압	V	[V]	온도차	θ	[℃]	[℃]
전류	I	[A]	열류	I	[W]	[kcal/h]
저항	R	[Ω]	열저항	R	[℃/W]	[℃h/kcal]
전기량	Q	[C]	열량	Q	[J]	[kcal]
도전율	K	[℧/m]	열전도율	K	[W/m·℃]	[kcal/h·m·℃]
정전용량	C	[F]	열용량	C	[J/℃]	[kcal/℃]

1 열류 I[W]

열류는 전기회로에서의 전류에 대응하는 값으로 열의 흐름을 나타낸다.

$$I = \frac{\theta}{R} [\text{W}]$$

여기서, θ : 온도차[℃], R : 열저항 : [℃/W]

2 열저항 R [℃/W]

열저항은 전기회로에서의 저항에 대응되며 다음과 같다.

$$R = \frac{\theta}{I} [℃/W]$$

3 열전도율 K [W/m·℃]

열전도율은 전기회로의 도전율 $K[\mho/m]$에 대응되며 다음과 같다.
따라서 열전도율은 열저항의 역수를 이용하여 계산하며

$K = \frac{1}{R} \cdot \frac{1}{m} = [W/℃ \cdot \frac{1}{m}]$

$= [W/m \cdot ℃]$

4 열량 Q [J]

열량은 전기회로에서의 전기량에 대응되며 다음과 같다.

전기량 $Q = CV$에서

열량은 $Q = C \cdot \theta$

여기서, C : 열용량

열용량은 $C = c \cdot m$이며 비열×질량으로 계산하며

여기서, 비열은 물체 1[kg]을 1[℃]만큼 상승시키는 데 필요한 열량을 말하며
물의 경우는 1[kcal/kg·℃]으로 계산한다.

그러나 열회로에서의 열량 계산에는 일반적으로 공업용 단위를 사용한다.

온도차	θ	[℃]
열 류	I	[kcal/h]
열저항	R	[℃h/kcal]
열 량	Q	[kcal]
열전도율	K	[kcal/h·m·℃]
열용량	C	[kcal/℃]

열량계산

1 열량 $Q = C \cdot \theta = cm\theta$ [cal], [kcal]

여기서, 열량의 단위가 [cal]이면 질량은 [g]
열량의 단위가 [kcal]이면 질량은 [kg]

① 열량 $Q = 0.24Pt = 0.24I^2Rt = 0.24\frac{V^2}{R}t$ [cal]

여기서, P : 전력[W]
t : 시간[sec]

② 열량 $Q = 860Pt$ [kcal]
여기서, P : 전력[kW]
t : 시간[hour]

2 전열계산의 예

① 전열기

- 전열기 효율 $\eta = \dfrac{열}{전기} \times 100 = \dfrac{cm\theta}{0.24I^2Rt} \times 100$ [%]

여기서, I^2R : 전력[W]
t : 시간[sec]

- 전열기 효율 $\eta = \dfrac{열}{전기} \times 100 = \dfrac{cm\theta}{860Pt} \times 100$ [%]

여기서, P : 전력[kW]
t : 시간[hour]
m : 질량[kg]

② 화력(기력)발전소

- 화력발전소 효율 $\eta = \dfrac{전기}{열} \times 100 = \dfrac{860Pt}{mH} \times 100$ [%]

여기서, m[kg] : 연료량
H[kcal/kg] : 발열량

3 열량과의 관계

① 열량 $Q = 0.24Pt = 0.24I^2Rt = 0.24\dfrac{V^2}{R}t$ 에서

전열기의 경우 $Q = 0.24Pt = 0.24\dfrac{V^2}{R}t$ 를 사용

② 열량 $Q \propto P \propto V^2 \propto \dfrac{1}{R}$

③ 저항 $R = \rho\dfrac{l}{A} = \rho\dfrac{l}{\dfrac{\pi}{4}d^2}$ 이므로

$Q \propto \dfrac{1}{R} \propto A \propto d^2 \propto \dfrac{1}{l}$

따라서 열량은 저항에 반비례하고 도선의 직경의 제곱에 비례한다.

전기가열

전기가열의 특징과 종류는 다음과 같다.

1 전기가열의 특징

① 매우 높은 온도를 얻을 수 있다.
② 내부 가열을 할 수 있다.
③ 조작이 용이하고 작업환경이 좋다.
④ 열효율이 높다.

2 전기가열의 방식

전기가열방식에는 저항가열, 아크가열, 유도가열, 유전가열 등이 있으며 다음과 같다.

① 저항가열 : 전류에 의한 옴손(줄열)을 이용하여 가열하는 방식
 • 직접저항가열 : 도전성의 피열물에 직접 전류를 통하여 가열하는 방식
 • 간접저항가열 : 저항체(발열체)로부터 열의 방사, 전도, 대류에 의해서 피열물에 전달하여 가열하는 방식

직접저항가열		간접저항가열	
종류	특징	종류	특징
• 흑연화로 • 카아보런덤로 • 카바이드로 • 알루미늄용해로	열효율이 가장 우수	• 염욕로 • 크립톨로 • 발열체로 • 탄화규소로	복잡한 형태의 물질을 균일하게 가열

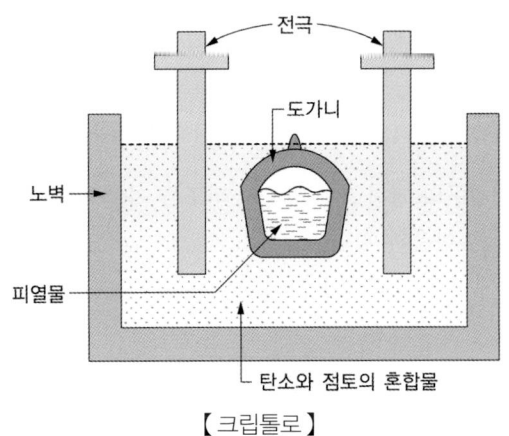

【크립톨로】

② 아크가열은 전극 사이에 발생하는 고온의 아크열을 이용하여 가열하는 방식으로 직접식과 간접식이 있으며 다음과 같다.
 • 전극 : 흑연전극, 탄소전극, 인조흑연전극(0.0005~0.0012[$\Omega \cdot cm$], 고유저항이 가장 적다)
 • 고압 아크로 : 초산(질산), 초산석회 제조에 사용하며
   센헬로, 포오링로, 비란게란드 아이데로 등이 있다
 • 저압 아크로 : 직접식(에르우식)
   간접식(요동식)

③ 유도가열은 교번자기장내에 놓여진 유도성 물체에 유도된 와류손과 히스테리시스손을 이용하여 가열하는 방식으로 다음과 같다.
- 유도로
    - 저주파 유도로 : 50~60[Hz]
    - 고주파 유도로 : 5~20[kHz]
- 유도가열의 용도는 다음과 같다.
    - 금속의 표면가열
    - 반도체 전해정련(단결정제조)

④ 유전가열은 도전성 피열물에 생기는 유전체손실에 의한 가열이다.
- 단위 체적당 유전체손

$$P_c = \frac{5}{9} \times f\epsilon_s E^2 \tan\delta \cdot 10^{-12} [\text{W/cm}^3]$$

- 유전가열의 특징은 다음과 같다.
    - 온도 상승 속도가 빠르다.
    - 표면의 소손, 균열이 없다.
    - 효율은 좋지 못하며 50~60[%] 정도이다.
    - 설비비가 고가이다.
- 사용 주파수 : 1~200[MHz]
- 유전가열의 용도는 다음과 같다.
    - 목재의 접착
    - 비닐막 접착
    - 플라스틱 성형

따라서 유도가열과 유전가열의 공통점은 직류 전원은 사용 불가능하다는 것이다.

⑤ 적외선 가열은 적외선전구의 방사열에 의하여 피조물 가열하여 건조하는 방식으로 다음과 같다.
- 적외선 가열의 특징은 다음과 같다.
    - 공산품 표면건조에 적당하고 효율이 좋다.
    - 구조와 조작이 간단하다.
    - 건조 재료의 감시가 용이하고 청결, 안전하다.
    - 유지비가 싸고 설치장소를 적게 차지한다.
- 적외선 가열의 용도는 다음과 같다.
    - 도장
    - 섬유 공업의 건조
    - 인쇄 잉크의 건조

전열재료

전열재료로 사용되는 발열체의 구비조건과 종류는 다음과 같다.

1 발열체에 필요한 조건
① 내열성, 내식성이 클 것
② 저항 온도 계수가 (+)로서 그 값은 비교적 작다.
③ 적당한 고유저항을 가질 것
④ 압연성이 풍부하며 가공이 쉬울 것
⑤ 경제적일 것

2 발열체의 종류 및 온도
발열체의 종류와 온도는 다음과 같다.
① 니크롬선 1종 : 1,100[℃]
② 니크롬선 2종 : 900[℃]
③ 철크롬선 1종 : 1,200[℃]
④ 철크롬선 2종 : 1,100[℃]
⑤ 비금속 발열체(탄화규소 발열체 : 1,400[℃])

온도측정

공업용 온도를 측정하는 방식은 다음과 같다.

1 저항 온도계 : 브리지식 온도계(-200~500[℃])
① 재료 : Pt(백금), Ni(니켈), Cu(구리)
② 반도체 : 서미스터

2 열전 온도계 : 제벡 효과 이용
① 열전현상
- 제벡 효과 : 두 종류의 금속의 접합하여 폐회로를 만들고 두 접합점 사이에 온도차를 주면 열기전력이 생겨서 전류가 흐르는 현상
- 펠티에 효과 : 두 종류의 금속의 접합하여 폐회로를 만들고 두 접합점 사이에 전류를 흘리면 접합점에서 열이 흡수 또는 발생되는 현상
  ▶ 전자냉동의 원리
- 톰슨 효과 : 동일 금속의 접합하여 폐회로를 만들고 두 접합점 사이에 전류를 흘리면 접합점에서 열이 흡수 또는 발생되는 현상

여기서, 두 종류의 금속을 열전대라 하며 종류는 다음과 같다.

열전대	사용 범위[℃]
백금-백금 로듐	0~1,400
크로멜-알루멜	-200~1,000
철-콘스탄탄	-200~700
구리-콘스탄탄(일반적으로 가장 많이 사용)	-200~400

3 복사 온도계

① 스테판 볼츠만 법칙($W = kT^4$)이용

② 복사온도계의 특징
- 비접촉식(피측온물에서 떨어진 위치에서 온도를 기록)이다.
- 조작이 간단하다.
- 온도를 직독할 수 있다.
- 온도의 측정 범위 : 600~4,000[℃]

③ 측정기구 : 밀리 볼트미터

4 광고온도계

① 플랑크의 방사법칙 이용
② 광고온계의 특징 : 복사고온계에 비하여 강도가 높다.

전기용접

전기용접은 다음과 같은 종류가 있으며 특징은 다음과 같다.

1 저항용접

저항용접은 접합하는 모재의 접촉부를 통해서 통전하여 발생하는 저항열을 이용해서 가열한 다음 압력을 가해서 용접하는 방법으로 다음과 같은 종류가 있다.

① 점용접(Spot welding)

용접 모재를 겹쳐 놓고, 이것을 위 아래에서 구리합금으로 되어 있는 봉모양의 전극으로 집어, 압력을 가하면서 큰 전류를 통하게 하여 전극과 용접 모재와의 접촉부가 가열되어 온도가 올라 갔을 때, 다시 압력을 가해 점 모양으로 용접 필라멘트나 열전대 용접에 사용

② 돌기용접(Projection welding)

금속 부재(部材)의 접합부에 만들어진 돌기부(突起部)를 접촉시켜 압력을 가하고 여기에 전류를 통하여 저항열의 발생을 비교적 작은 특정 부분에 한정시켜 접합

③ 심용접(이음매용접, Seam welding)

용접모재를 겹쳐 놓고, 이것을 구리합금의 롤러 모양으로 된 전극으로 집고 압력을 가하면서 전극을 돌리고, 접합부를 이동하면서 용접

④ 맞대기용접

금속 봉·관 등을 맞대어 용접할 경우에 사용하며 끝면을 맞대고 전류를 흘리면 접합부가 가열되며 이때 압력을 가해서 접합

⑤ 충격용접

고유저항이 적고 열전도율이 큰 것에 사용(경금속용접)

2 불활성 가스용접

불활성 가스용접은 텅스텐전극과 모재와의 사이에 방전을 이용하는 방법으로 아르곤(Ar)과 헬륨(He)가스 사용하며 용도는 다음과 같다.

① 알루미늄 용접
② 마그네슘 용접

3 용접용 변압기

용접에 사용되는 변압기는 누설변압기를 주로 사용하며 부하전류가 증가하면 전압은 급격히 감소하는 수하특성을 가져야 한다.

4 용접부 비파괴 검사

① 자기 검사
② X선 투과 시험
③ γ 선 투과 시험
④ 초음파 탐상기 시험

기타 용접 및 가열

1 플라즈마 제트(Plasma jet) 용접

① 용접 속도가 빠르다.
② 비이드(Bead) 폭이 좁고 용입이 깊다.
③ 에너지 밀도가 커서 안정도가 높고 보유 열량이 크다.
④ 용접 속도가 빠르고 균일한 용접이 된다.

2 전자빔가열

진공 중에서 고속으로 가열한 전자를 집속하여 그 전자의 충돌에 의한 에너지로 가열하는 방식

① 에너지의 밀도나 분포를 자유로이 조절할 수 있다.
② 고융점 재료 및 금속박 재료의 용접이 쉽다.
③ 진공 중에서 가열이 가능하다.
④ 가열범위가 극히 국한된 부분에 집중시킬 수 있어서 열에 의한 변질이 될 부분을 적게 할 수 있다.

③ 초음파용접
① 이종금속의 용접도 가능하다.
② 고체 상태에서 용접이므로 열적 영향이 적다.
③ 가열이 필요하지 않다.
④ 냉간압접 등에 비하여 가압하중이 적으므로 변형이 적다.

이론 요약

1. 전열, 전기회로의 비교

전기			전열			
명칭	기호	단위	명칭	기호	단위	단위(공업용)
전압	V	[V]	온도차	θ	[K°]	[℃]
전류	I	[A]	열류	I	[W]	[kcal/h]
저항	R	[Ω]	열저항	R	[℃/W]	[℃h/kcal]
전기량	Q	[C]	열량	Q	[J]	[kcal]
전도율	K	[℧/m]	열전도율	K	[W/m·℃]	[kcal/h·m·℃]
정전용량	C	[F]	열용량	C	[J/℃]	[kcal/℃]

① 1[kcal] : 1[kg]의 물을 1[℃] 가열하는 데 필요한 열량
② 1[J] = 0.24[cal]
③ 1[cal] = 4.2[J]
④ 1[B.T.U] = 0.252[kcal]
⑤ 1[kwh] = 860[kcal]

2. 열량

$Q = C \cdot \theta [J]$

여기서, C : 열용량, $C = c \cdot m$(비열 × 질량), θ : 온도차 $(T - T_0)$

열량 계산

① $Q = C \cdot m(T - T_0)[cal]$
  - 단위가 [cal]이면 질량은 [g]
  - 단위가 [kcal]이면 질량은 [kg]

② $Q = 0.24 I^2 Rt [cal]$
  I : 전류[A], R : 저항[Ω], t : 시간[sec]

③ $Q = 860 \eta Pt [kcal]$
  P : 전력 [kW], t : 시간 [h], η : 효율

④ $Q = 860 \eta Pt = C \cdot m(T - T_0)[kV]$

  - 소비전력 $P = \dfrac{c \cdot m(T - T_0)}{860 \eta \cdot t}$

  - 효율 $\eta = \dfrac{c \cdot m(T - T_0)}{860 p \cdot t} \times 100[\%]$

  - 시간 $t = \dfrac{c \cdot m(T - T_0)}{860 P \cdot t}[h]$

3. 전열 재료

① 발열체의 구비조건
- 내식성, 내열성이 클 것
- 알맞은 고유 저항을 가지고 저항의 온도 계수가 (+)로 작을 것
- 연전성이 풍부하고 가공이 용이할 것
- 경제적일 것

② 발열체의 종류

종류	최고 사용온도[℃]
니크롬 1종	1,100
니크롬 2종	900
철크롬 1종	1,200
철크롬 2종	1,100

4. 공업용 온도 측정

① 저항 온도계 : 온도가 상승하면 저항이 증가하는 원리 이용

※ 열전현상
- 제벡 효과 : 두 종류의 금속의 접합하여 폐회로를 만들고 두 접합점 사이에 온도차를 주면 열기전력이 생겨서 전류가 흐르는 현상
- 펠티에 효과 : 두 종류의 금속의 접합하여 폐회로를 만들고 두 접합점 사이에 전류를 흘리면 접합점에서 열의 흡수 또는 발생되는 현상. 전자냉동의 원리
- 톰슨 효과 : 동일 금속의 접합하여 폐회로를 만들고 두 접합점 사이에 전류를 흘리면 접합점에서 열의 흡수 또는 발생되는 현상

② 방사(복사) 고온계 : 스테판 볼쯔만 법칙 이용($W = \sigma T^4$)
- 비접촉식, 조작이 간단

③ 광고온계 : 플랑크의 온도 복사 법칙
- 피측온물이 작은 경우에 사용

④ 열전 온도계 : 열전대의 제벡 효과 이용

열전대의 종류	최고 측정온도 [℃]
구리-콘스탄탄	600
철-콘스탄탄	900
크로멜-알루멜	1,100
백금-백금로듐(가장 높은 온도)	1,600

5. 전기가열

① 저항가열 : 도체에 생기는 줄열(옴손)을 이용

직접저항가열		간접저항가열	
종류	특징	종류	특징
• 흑연화로 • 카아보런덤로 • 카바이드로 • 알루미늄용해로	열효율이 가장 우수	• 흑연 저항로 • 염욕로 • 크립톨로 • 발열체로 • 탄화규소로	복잡한 형태의 물질을 균일하게 가열

② 아크가열 : 전극 간의 방전에 의해 발생되는 고온의 아크열을 이용
- 인조 흑연 전극 사용
- 역률 70~80[%]
- 수하특성

종류	방식	용도
저압 아크로	직접식(에루식) 간접식(요동식)	피열물 자체를 전극으로 사용 (제철, 제강로)
고압 아크로 센헬로, 포오링로, 비란게란드 아이데로		초산(질산), 초산석회 제조

③ 유전가열 : 유전체(절연물)에서 발생되는 유전체손을 이용

장점	단점	용도
• 균일하게 가열 • 가열 시간 단축 • 선택적 가열 가능	• 고주파 전원 필요 • 고가의 설비비 • 효율 나쁨	• 목재 접착, 비닐막 접착 • 플라스틱 성형 및 용접

* 단위 체적당 유전체손 : $P_o = \dfrac{5}{9} = f\epsilon_s E^2 \tan\delta \cdot 10^{-12}$ [W/cm^3]

④ 유도가열 : 도전성 물질(금속)에서 발생하는 와류손과 히스테리시스손에 의한 발열 이용
- 표면가열 : 금속의 담금질, 금속의 표면처리, 국부가열
- 반도체 정련 : 단결정 제조
- 불순물이 적은 제품을 얻을 수 있다.
- 직류 사용 불가(유전가열과 공통점)

⑤ 적외선 가열(건조)
- 표면건조 및 각 부분 균등 건조 : 방직 염색, 자동차 도장, 도자기에 사용
- 조작 간편, 온도 조절용이
- 설비비 저렴 및 구조 간단, 청결하고 안전

6. 전기 용접

① 저항용접
- 점 용접(spot welding) : 필라멘트나 열전대 용접에 사용
- 돌기용접(projection welding)
- 심 용접(이음매 용접, seam welding)
- 맞대기 용접
- 충격 용접 : 고유저항이 적고 열전도율이 큰 것에 사용(경금속 용접)

② 불활성 가스용접 : 아르곤과 헬륨가스 사용
- 알루미늄 용접
- 마그네슘 용접

③ 용접부 비파괴 검사
- 자기 검사
- X선 투과 시험
- γ 선 투과 시험
- 초음파 탐상기 시험

※ 전자빔 가열 : 진공 중에서 고속으로 가열한 전자를 집속하여 그 전자의 충돌에 의한 에너지로 가열하는 방식
 - 에너지의 밀도나 분포를 자유로이 조절
 - 고융점 재료 및 금속박 재료의 용접이 용이
 - 진공 중에서 가열이 가능
 - 가열범위가 극히 국한된 부분에 집중

※ 플라즈마 용접의 특징
 - 용접속도가 빠름
 - 비이드(bead) 폭이 좁고 용압이 깊음
 - 에너지 밀도가 커서 안정도가 높고 보유 열량이 큼
 - 용접 속도가 빠르고 균일한 용접 가능

CHAPTER 02 필수 기출문제

꼭! 나오는 문제만 간추린

01 1[BTU]는 약 몇 [kcal]인가?
① 0.252
② 0.2389
③ 47.86
④ 71.67

해설 열량과 에너지
- 1[B.T.U]=0.252[kcal]

【답】①

02 1[kWh]는 몇 [kcal]인가?
① 4.186
② 41.86
③ 86
④ 860

해설 $1[kWh] = 1,000[W] \times 3,600[s] = 3.6 \times 10^6 [J] = 0.24 \times 3.6 \times 10^6 = 860 [kcal]$

【답】④

03 다음 중 틀리게 표현된 것은?
① 1[J]=0.2389×10^{-3}[kcal]
② 1[kWh]=860[kcal]
③ 1[BTU]=0.252[kcal]
④ 1[kcal]=3.968[J]

해설 열량과 에너지
- 1[J]=0.24[cal]
- 1[cal]=4.2[J]
- 1[B.T.U]=0.252[kcal]
- 1[kWh]=860[kcal]

【답】④

04 열전도율이 가장 좋은 것은?
① 은
② 철
③ 니크롬
④ 알루미늄

해설 열전도율이 가장 좋은 것 : 은

【답】①

05 저항 온도 계수가 가장 낮은 것은?
① 철
② 니켈
③ 백금
④ 텅스텐

해설 저항온도계수
- 철 : 0.005
- 니켈 : 0.006
- 백금 : 0.00392
- 텅스텐 : 0.0045

【답】③

06 다음 중 열용량의 단위를 나타내는 것은?

① [J/℃kg]
② [J/℃]
③ [J/cm²℃]
④ [J/cm³℃]

해설

전기			전열			열회로
명칭	기호	단위	명칭	기호	단위	단위(공업용)
정전용량	C	[F]	열용량	C	[J/℃]	[kcal/℃]

【답】②

07 열회로의 온도차는 전기 회로의 무엇에 상당하는가?

① 정전용량
② 저항
③ 전류
④ 전압

해설

전기		전열	
명칭	기호	명칭	기호
전압	V	**온도차**	θ
전류	I	열류	I
저항	R	열저항	R

【답】④

08 다음의 용어 중에서 열류의 공업 단위는?

① [kcal]
② [h·m·℃/kcal]
③ [℃·h/kcal]
④ [kcal/h]

해설

전기			전열			열회로
명칭	기호	단위	명칭	기호	단위	단위(공업용)
전압	V	[V]	온도차	θ	[℃]	[℃]
전류	I	[A]	**열류**	I	[W]	[kcal/h]

【답】④

09 열전도율의 단위를 나타낸 것은?

① [J/kg·℃]
② [W/m²·℃]
③ [W/m·℃]
④ [J/m²·℃]

해설 전열회로의 단위

전열			
명칭	기호	단위	단위(공업용)
온도차	θ	[K°]	[℃]
열류	I	[W]	[kcal/h]
열저항	R	[℃/W]	[℃h/kcal]
열량	Q	[J]	[kcal]
열전도율	K	[W/m·℃]	[kcal/h·m·℃]
열용량	C	[J/℃]	[kcal/℃]

【답】③

10 열원의 발열체 온도를 T_1[K], 피열체의 온도를 T_2[K], 물체의 크기, 거리, 형태, 복사율 등에 따라서 결정되는 상수를 ϕ, 슈테판-볼츠만(Stefan-Boltzmann)의 상수를 σ 라 할 때 발열체의 표면전력 밀도 W_d의 공식은 다음 중 어느 것인가?

① $W_d = \dfrac{\phi}{\sigma}(T_1^4 - T_2^4)$ [W/cm²]
② $W_d = \dfrac{\sigma}{\phi}(T_1^4 - T_2^4)$ [W/cm²]
③ $W_d = \phi\sigma(T_1^4 - T_2^4)$ [W/cm²]
④ $W_d = \dfrac{1}{\phi\sigma}(T_1^4 - T_2^4)$ [W/cm²]

해설 슈테판-볼츠만의 법칙
- 복사에너지는 절대온도 4승에 비례 【답】③

11 연속 스펙트럼의 온도복사 법칙 중 온도가 높아질수록 파장이 짧아지는 법칙은?
① 스테판 볼츠만의 법칙
② 빈의 변위법칙
③ 플랭크의 복사법칙
④ 웨버와 페크너의 법칙

해설 비인의 변위법칙 : 파장은 절대온도에 반비례한다.
$\lambda_m \propto \dfrac{1}{T}$ 여기서, λ : 파장, T : 절대온도 【답】②

12 지름 30[cm], 길이가 1.5[m]인 탄소 전극의 열저항값 [열Ω]은 약 얼마인가? 단, 전극의 고유저항은 2.5[열Ω·cm]이다.
① 0.73
② 0.43
③ 0.53
④ 0.63

해설 열저항 $R = \rho\dfrac{l}{A} = \rho\dfrac{l}{\pi r^2} = 2.5 \times \dfrac{150}{\pi\left(\dfrac{30}{2}\right)^2} = 0.53$ [열Ω] 【답】③

13 열전 온도계의 원리는?
① 핀치 효과
② 제에만 효과
③ 제벡 효과
④ 홀 효과

해설 열전 온도계의 원리 : 제벡(Seebeck) 효과
두 종류의 금속의 접합하여 폐회로를 만들고 두 접합점 사이에 온도차를 주면 열기전력이 생겨서 전류가 흐르는 현상 【답】③

14 ★★★★★
열전온도계에 사용되는 열전대의 조합은?
① 백금-철
② 아연-백금
③ 구리-콘스탄탄
④ 아연-콘스탄탄

해설 열전대의 종류와 측정 범위

열전대	사용 범위[℃]
백금-백금 로듐	0 ~ 1,400
크로멜-알루멜	-200 ~ 1,000
철-콘스탄탄	-200 ~ 700
구리-콘스탄탄	-200 ~ 400

【답】③

15 반도체의 발달로 2종의 금속이나 반도체를 이용하여 열전대를 만들고 이때 생기는 열의 흡수, 발생을 이용한 전자 냉동이 실용화되고 있다. 다음 중 어떤 현상을 이용한 것인가?

① 제벡(Seebeck) 효과 ② 펠티에(Peltier) 효과
③ 톰슨(Thomson) 효과 ④ 핀치(Pinch) 효과

해설 펠티에 효과
두 종류의 금속의 접합하여 폐회로를 만들고 두 접합점 사이에 전류를 흘리면 접합점에서 열의 흡수 또는 발생되는 현상. 전자냉동의 원리
【답】②

16 스테판 볼츠만(Stefan-Boltzmann) 법칙을 이용한 온도계는?

① 복사 고온계 ② 광 고온계
③ 저항 온도계 ④ 열전 온도계

해설 방사(복사) 고온계
• 스테판 볼쯔만 법칙 이용($W = kT^4$)
【답】①

17 플랑크의 방사 법칙을 이용하여 온도를 측정하는 것은?

① 광고온계 ② 방사 온도계
③ 열전 온도계 ④ 저항 온도계

해설
• 광고온계 : 플랑크의 방사 법칙
• 방사(복사) 온도계 : 스테판·볼츠만의 법칙
• 열전 온도계 : 제벡 효과
• 저항 온도계 : 측온체의 저항 값 변화
【답】①

18 ★★★★★ 발열체로서의 구비 조건과 관계가 없는 것은?

① 내열성이 커야 한다.
② 내식성이 커야 한다.
③ 가공하기 쉽고 기계적 강도를 가져야 한다.
④ 저항이 비교적 작고 온도 계수가 크고 (-)이어야 한다.

해설 발열체의 구비조건
• 내식성, 내열성이 클 것
• 선팽창계수가 적을 것
• 알맞은 고유저항을 가지고 저항의 온도 계수가 (+)로 작을 것
• 연전성이 풍부하고 가공이 용이할 것
• 경제적일 것
【답】④

19 ★★★★★ 니크롬 전열선에서 제1종의 최고 사용온도[℃]는?

① 700 ② 900
③ 1,100 ④ 1,400

해설 발열체의 종류 및 온도
• 니크롬선 1종 : 1,100[℃]
• 니크롬선 2종 : 900[℃]
【답】③

20 다음 발열체 중 최고 사용 온도가 가장 높은 것은?

① 니크롬 제1종 ② 니크롬 제2종
③ 철-크롬 제1종 ④ 탄화규소 발열체

해설 발열체의 종류 및 온도
- 니크롬선 1종 : 1,100[℃]
- 니크롬선 2종 : 900[℃]
- 철크롬선 1종 : 1,200[℃]
- 철크롬선 2종 : 1,100[℃]
- 비금속 발열체(탄화규소 발열체) : 1,400[℃]

【답】④

21 전기로에 사용되는 전극이 구비해야 할 조건으로 옳지 않은 것은?

① 고온에 강할 것 ② 고온에서도 기계적 강도가 클 것
③ 도전율이 작을 것 ④ 열의 전도율이 작을 것

해설 전극의 구비 조건
- **전기의 전도율이 클 것**
- 열의 전도율이 적을 것
- 고온에 견디고 고온에서의 기계적 강도가 클 것
- 피열물과 화학 작용을 일으키지 않을 것

【답】③

22 전류에 의한 옴손을 이용하여 가열하는 것은?

① 복사가열 ② 유전가열
③ 유도가열 ④ 저항가열

해설 전기가열의 원리
- 저항가열 : 옴손(줄손)에 의한 가열

【답】④

23 다음 중 직접식 저항로가 아닌 것은?

① 염욕로 ② 흑연화로
③ 카로런덤로 ④ 지로식 전기로

해설 저항로 : 도체에 생기는 주울열(옴손)을 이용

직접저항가열		간접저항가열	
종류	특징	종류	특징
• 흑연화로 • 카아보런덤로 • 카바이드로 • 알루미늄용해로 • 지로식 전기로	열효율이 가장 우수 $CaO+3C=CaC_2$(제품)$+CO$	• 염욕로 • 크립톨로 • 발열체로 • 탄화규소로	복잡한 형태의 물질을 균일하게 가열

【답】①

24 ★★★★★ 형태가 복잡하게 생긴 금속 제품을 균일하게 가열하는 데 가장 적합한 가열 방식은?

① 적외선가열 ② 염욕로
③ 직접저항가열 ④ 유도가열

해설 염욕로 : 복잡한 형태의 물질을 균일하게 가열(위 표 참고)

【답】②

25 아크로와 관계없는 것은?

① 센헬로
② 포오링로
③ 페로알로이로
④ 비란게란드 아이데로

해설 아크로 : 전극 사이에 발생하는 고온의 아크열 이용하는 아크가열에 사용되는 노
- 고압 아크로 : 초산(질산), 초산석회 제조에 사용
  센헬로, 포오링로, 비란게란드 아이데로

【답】③

26 고압아크로의 종류가 아닌 것은?

① 로킹(Rocking)로
② 센헬로
③ 포오링(Pauling)로
④ 비라케란드 아이데(Birkeland-Eyde)로

해설 아크로 : 전극 사이에 발생하는 고온의 아크열을 이용하는 아크가열에 사용되는 노
- 고압 아크로 : 초산(질산), 초산석회 제조에 사용.
  센헬로, 포오링(Pauling)로, 비라케란드 아이데(Birkeland-Eyde)로

【답】①

27 교류자계 중 전도성 물체에 생기는 와전류에 의한 저항손 또는 히스테리시스손을 이용하여 가열하는 방식은?

① 유전가열
② 복사가열
③ 저항가열
④ 유도가열

해설 유도가열 : 도전성 물질(금속)에서 발생하는 와류손과 히스테리시스손에 의한 발열 이용
- 표면가열 : 금속의 담금질, 금속의 표면처리, 국부가열
- 반도체 정련 : 단결정 제조
- 불순물이 적은 제품을 얻을 수 있다.

【답】④

28 금속의 표면 담금질에 적합한 가열 방식은?

① 직접아크가열
② 고주파 유도가열
③ 고주파 유전가열
④ 간접저항가열

해설 유도가열
- 도전성 물질(금속)에서 발생하는 와류손과 히스테리시스손에 의한 발열 이용.
- 금속의 담금질, 금속의 표면처리, 국부가열, 반도체 정련

【답】②

29 유전가열에 관한 설명으로 틀린 것은?

① 열전효과를 이용한 것이다.
② 온도제어가 용이하다.
③ 균일하게 가열할 수 있다.
④ 선택적으로 가열할 수 있다.

해설 유전가열 : 유전체손($P_c = \omega CE^2 \tan\delta$)에 의한 가열
- 목재의 접착, 비닐막 접착, 플라스틱 성형 등에 사용
- 특징 : 급속가열 가능, 균일가열 가능, 온도제어 용이

【답】①

30 목재의 건조, 베니어판 등의 합판에서의 접착건조, 약품의 건조 등에 적합한 전기 건조 방식은?

① 아크 건조
② 고주파 건조
③ 적외선 건조
④ 자외선 건조

| 해설 | 유도 가열과 유전 가열은 모두 고주파 가열이며 따라서 내부 가열에 적합하다. 【답】②

31. 다음 중 전기로의 가열 방식이 아닌 것은?
① 저항가열
② 유전가열
③ 유도가열
④ 아크가열

| 해설 | 전기로가 필요한 가열 방식은 저항가열, 아크가열, 유도가열이며, 유전가열은 유전체에서 발생되는 유전체손을 이용하여 가열하는 방식으로 전기로에 사용하지 않는다. 【답】②

32. 적외선전구의 필라멘트의 온도 [°K]는?
① 2,500
② 2,000
③ 1,500
④ 1,000

| 해설 | 적외선가열(건조) : 적외선전구의 복사열에 의하여 피조물 가열하여 건조
적외선전구의 필라멘트 온도 : 2,400~2,500[°K] 【답】①

33. 방직, 염색의 건조에 적합한 가열 방식은?
① 적외선가열
② 전열가열
③ 고주파 유전가열
④ 고주파 유도가열

| 해설 | 적외선가열(건조) : 방직, 염색, 도장 등에 사용 【답】①

34. 저항 용접에 속하지 않는 것은?
① 맞대기용접
② 이음매용접
③ 점용접
④ 아크용접

| 해설 | 저항용접 : 용접 모재(용접 또는 절단되는 금속) 간의 접촉저항에 의해 발생하는 열을 이용하는 용접방법
종류 : 점용접, 돌기용접, 심용접, 맞대기용접 【답】④

35. ★★★★★ 전구의 필라멘트, 열전대 접점의 용접 등 선이 가는 봉형의 작업에 사용되는 용접은?
① 점 용접
② 유도 용접
③ 심 용접
④ 프로젝션 용접

| 해설 | 저항 용접
• 점 용접(spot welding) : 필라멘트, 열전대 용접 등에 이용
• 돌기용접(projection welding)
• 이음매 용접(심 용접, seam welding)
• 충격 용접 : 고유저항이 적도 열전도율이 큰 것에 사용(경금속 용접) 【답】①

36. 다음 중 롤러 전극 사이에 용접부를 두고 전극을 회전하면서 연속적으로 용접하는 방법은?
① 심 용접
② 점 용접
③ 아크 용접
④ 프로젝션 용접

| 해설 | 심용접 : 원판 모양의 전극사이에 두개의 모재를 포개고 전극에 압력을 건 상태로 전극을 회전시키면서 연속적으로 하는 용접법 【답】①

37 다음 중 겹치기 용접이 아닌 것은?

① 프로젝션 용접　　② 심 용접
③ 업셋 용접　　　　④ 점 용접

해설 겹치기 용접 : 두 부재의 일부를 겹친 이음부를 용접하는 것
　　　프로젝션 용접, 점 용접, 심(seam)용접, 납 용접 등을 조합해서 사용

【답】 ③

38 불활성 가스 아크용접에 사용되지 않는 가스는?

① 산소　　　　　　② 헬륨
③ 아르곤　　　　　④ 수소

해설 불활성 가스 용접
• 용접용 전극의 주위에서 아르곤이나 헬륨 또는 수소를 분출시켜서 하는 용접
• 알루미늄이나 마그네슘의 용접

【답】 ①

39 알루미늄, 마그네슘의 용접에 가장 적당한 용접 방법은?

① 저항 용접　　　　② 유니온 멜트 용접
③ 원자 수소 용접　　④ 불활성 가스 용접

해설 불활성 가스 용접
• 용접용 전극의 주위에서 아르곤이나 헬륨을 분출시켜서 하는 용접
• 알루미늄이나 마그네슘의 용접

【답】 ④

40 용접 발전기의 특성은 부하가 급히 증가하였을 때?

① 전압을 불변하게 한다.　　　② 급히 전압을 상승한다.
③ 급히 전압을 강하한다.　　　④ 서서히 전압을 강하한다.

해설 용접 발전기 : 수하 특성(부하전류가 급증하면 전압이 급격히 강하)

【답】 ③

41 진공 중에서 고속으로 가열한 전자를 집속하여 피용접물에 집중하여 용접하는 방법은?

① 플라즈마 용접　　② 초음파 용접
③ 레이저 용접　　　④ 전자빔 가열

해설 전자빔 가열 : 진공 중에서 고속으로 가열한 전자를 집속하여 그 전자의 충돌에 의한 에너지로 가열하는 방식

【답】 ④

42 전자 빔 가열의 특징이 아닌 것은?

① 에너지의 밀도나 분포를 자유로이 조절할 수 없다.
② 고융점 재료 및 금속박 재료의 용접이 쉽다.
③ 진공 중에서 가열이 가능하다.
④ 가열범위가 극히 국한된 부분에 집중시킬 수 있어서 열에 의한 변질이 될 부분을 적게 할 수 있다.

해설 전자빔가열 : 진공 중에서 고속으로 가열한 전자를 집속하여 그 전자의 충돌에 의한 에너지로 가열하는 방식
• 에너지의 밀도나 분포를 자유로이 조절할 수 있다.
• 고융점 재료 및 금속박 재료의 용접이 쉽다.

- 진공 중에서 가열이 가능하다.
- 가열 범위가 극히 국한된 부분에 집중시킬 수 있어서 열에 의한 변질이 될 부분을 적게 할 수 있다. 【답】①

43 전자빔으로 용해하는 고융점 활성금속 재료는?

① 니크롬 제 2종
② 철-크롬 제 1종
③ 탄화규소
④ 탄탈, 니오브

해설 전자빔으로 용해하는 고융점 활성금속 재료 : 탄탈, 지르코늄, 니오브
여기서, 니크롬 제1, 2종, 철-크롬 제1, 2종, 탄화규소 등은 발열체임 【답】④

44 용접 방법 중 플라즈마 제트에 대한 설명으로 틀린 것은?

① 에너지 밀도가 커서 안정도가 높고 보유 열량이 크다.
② 용접 속도가 빠르다.
③ 비이드(bead)폭이 좁고 용입이 깊다.
④ 균일 용접이 불가능하다.

해설 플라즈마 제트(Plasma jet) 용접의 특징
- 용접 속도가 빠르다.
- 비이드(bead)폭이 좁고 용입이 깊다.
- 에너지 밀도가 커서 안정도가 높고 보유 열량이 크다.
- 용접 속도가 빠르고 균일한 용접이 된다. 【답】④

45 초음파를 응용한 기기가 아닌 것은?

① 팩시밀리
② 어군 탐지기
③ 의료용 세척기
④ 금속 탐지기

해설 초음파 응용 기기
- 잠수함 탐지기
- 초음파 용접기
- 의료용 검사기기 및 세척기
- 어군 탐지기 【답】①

46 100[V], 500[W]의 전열기를 90[V]에서 사용할 때의 전력[W]은?

① 405
② 425
③ 450
④ 500

해설 전력 $P = VI = I^2R = \dfrac{V^2}{R}$ 에서 정격 P[W]-V[V]를 주면 $P = \dfrac{V^2}{R} \propto V^2$

따라서 $P' = P \times \left(\dfrac{V'}{V}\right)^2 = 500 \times \left(\dfrac{90}{100}\right)^2 = 405[W]$ 【답】①

47 어떤 전열기에서 5분 동안에 900,000[J]의 일을 했다고 한다. 이 전열기에서 소비한 전력은 몇 [W]인가?

① 500
② 1,500
③ 2,000
④ 3,000

해설 전력 $P=\dfrac{W}{t}$ [J/s][W]에서

$P=\dfrac{900,000}{300}=3,000$[W]

【답】 ④

48 8,600[kcal/kg]의 석탄 10[kg]에서 나오는 열량은 50[kW] 전열기를 몇 시간[h] 사용한 것과 같은가?

① 2
② 4
③ 5
④ 7

해설 열량 $Q=mH=860Pt$ 에서

$t=\dfrac{mH}{860\times P}=\dfrac{10\times 8,600}{860\times 50}=2$[h]

【답】 ①

49 ★★★★★ 10[Ω]의 저항에 10[A]를 10분간 흘렸을 때의 발열량은 얼마인가?

① 125[kcal]
② 130[kcal]
③ 144[kcal]
④ 165[kcal]

해설 발열량 $H=0.24I^2Rt=0.24\times 10^2\times 10\times 10\times 60\times 10^{-3}=144$[kcal]

【답】 ③

50 1.5[kW]의 전동기를 정격 상태에서 30분간 사용했을 때 발생 열량[kcal]은?

① 약 1,290
② 약 860
③ 약 645
④ 약 430

해설 열량 $Q=0.24Pt\times 10^{-3}=0.24I^2Rt\times 10^{-3}$[kcal]

$=0.24\times 1,500\times 30\times 60\times 10^{-3}$[kcal]$=648$[kcal]

【답】 ③

51 인가전압 100[V]인 회로에서 매초 0.12[kcal]이 발열하는 전열기가 있다. 이 전열기의 용량[W]은 약 얼마인가?

① 300
② 500
③ 600
④ 800

해설 전열기 열량 $H=0.24I^2R=0.24\dfrac{V^2}{R}=0.24\times\dfrac{100^2}{R}=120$[cal], $R=\dfrac{0.24\times 100^2}{120}=20$[Ω]

전열기 용량 $P=\dfrac{V^2}{R}=\dfrac{100^2}{20}=500$[W]

【답】 ②

52 ★★★★★ 2[g]의 알루미늄을 60[℃] 높이는 데 필요한 열량은 약 얼마인가?(단, 알루미늄의 비열은 0.2 [cal/g·℃]이다)

① 24
② 20.64
③ 206.40
④ 860

해설 열량 $Q=cm\theta=0.2\times 2\times 60=24$[cal]

여기서, c : 비열[cal/g·℃], m : 질량[g], θ : 온도차[℃]

【답】 ①

53 ★★★★★ 15[°C]의 물 4[*l*]를 용기에 넣고 1[kW]의 전열기로 가열하여 90[℃]로 하는 데 30분이 소요되었다. 이 장치의 효율 [%]은?

① 30
② 50
③ 70
④ 90

해설 전열기 효율 $\eta = \dfrac{열}{전기} \times 100 = \dfrac{cm\theta}{860Pt} \times 100$ 에서

$\eta = \dfrac{cm\theta}{860Pt} \times 100 = \dfrac{1 \times 4 \times (90-15)}{860 \times 1 \times \dfrac{30}{60}} \times 100 = 70[\%]$

【답】③

54 열펌프에 이용되는 분류 방법 중 공기조화에 사용되는 방법은?

① 가열의 이용
② 열압축기로서의 이용
③ 냉동과 가열의 교대 이용
④ 냉동과 가열의 병용

해설 **열펌프(히트펌프)** : 열원에서 열에너지를 제공하는 장치. 냉동과 가열의 교대 이용

【답】③

CHAPTER 03 전동기 설비

전동기 운동역학·토크(회전력)·전동기의 운전·전동기의 기동법·전동기 속도제어·전동기 제동법·전동기 종류와 특성·전동기의 용량 계산·부하의 종류·절연물의 최고 허용온도·전동기의 형식

전동기 운동역학

1 회전 운동에너지

① 뉴턴의 운동에너지는 다음과 같다.

$$W = \frac{1}{2}mv^2 \, [\text{J}]$$

여기서, 각속도 $\omega = \dfrac{v}{r}$ 이므로

$v = r \cdot \omega$를 대입하면 $W = \dfrac{1}{2}mv^2 = \dfrac{1}{2}mr^2\omega^2 = \dfrac{1}{2}J\omega^2 \,[\text{J}]$

여기서, 관성모멘트 $J = mr^2 \,[\text{kg}\cdot\text{m}^2]$

② 관성모멘트는 다음과 같이 정의한다.

관성모멘트 $J = mr^2 = \dfrac{GD^2}{4} \,[\text{kg}\cdot\text{m}^2]$

여기서, Flywheel(플라이 휠) : $GD^2 \,[\text{kg}\cdot\text{m}^2]$

플라이 휠은 회전체의 속도 변동을 줄이기 위해 회전에너지를 축적해 두기 위한 원판으로 관성모멘트를 크게 한다.

③ 회전운동 시의 에너지는 다음과 같다.

$$W = \frac{1}{2}J\omega^2 = \frac{1}{2}\frac{GD^2}{4}\omega^2 = \frac{1}{8}GD^2\omega^2 \,[\text{J}]$$

여기서, 각속도 $\omega = \dfrac{v}{r} = 2\pi n = 2\pi \dfrac{N}{60} \,[\text{rpm}]$ 이므로

따라서 회전운동 시의 에너지는 다음과 같다.

$$W = \frac{1}{2}\left(\frac{GD^2}{4}\right)\left(\frac{2\pi N}{60}\right)^2 = \frac{GD^2 \cdot N^2}{730} \,[\text{J}]$$

④ 회전속도가 N_2에서 N_1으로 감속될 때의 방출에너지는 다음과 같이 구할 수 있다.

$$W = W_2 - W_1 = \frac{GD^2}{730}N_2^2 - \frac{GD^2}{730}N_1^2 = \frac{GD^2}{730}(N_2^2 - N_1^2) \,[\text{J}]$$

토크(회전력)

토크를 구하는 방법에는 입력을 이용하는 방법과 출력을 이용하는 방법이 있으며 다음과 같다.

1 입력을 이용하는 방법(P_2)

$$\tau = \frac{P_2}{\omega_s} = \frac{P_2}{2\pi \frac{N_s}{60}} = \frac{P_2}{\frac{2\pi}{60} \times \frac{120f}{p}} = \frac{P_2}{\frac{4\pi f}{p}} \,[\text{N} \cdot \text{m}]$$

여기서, $\tau = \dfrac{P_2}{\omega_s} = \dfrac{P_2}{2\pi \dfrac{N_s}{60}} \times \dfrac{1}{9.8} = 0.975 \times \dfrac{P_2}{N_s} \,[\text{kg} \cdot \text{m}]$

2 출력을 이용하는 방법(P_0)

$$\tau = \frac{P_o}{\omega} = \frac{P_o}{2\pi \frac{N}{60}} = \frac{P_o}{\frac{2\pi}{60}(1-s)N_s} = \frac{P_o}{\frac{2\pi}{60}(1-s)\frac{120f}{p}} = \frac{P_o}{\frac{4\pi f(1-s)}{p}} \,[\text{N} \cdot \text{m}]$$

여기서, $\tau = \dfrac{P_0}{\omega} = \dfrac{P_0}{2\pi \dfrac{N}{60}} \times \dfrac{1}{9.8} = 0.975 \times \dfrac{P_0}{N} \,[\text{kg} \cdot \text{m}]$

3 이너셔비

토크의 이너셔비는 다음과 같이 계산되며 이너셔비가 크면 전동기의 토크가 관성모멘트보다 커서 기동시간이 짧아진다.

$$\text{이너셔비} = \frac{\text{전동기의 토크}}{\text{전동기의 관성모멘트}} = \frac{\tau(\text{토크})}{J(\text{관성모멘트})}$$

전동기의 운전

1 전동기의 운전상태

- 전동기 가속 상태 : $\tau - (\tau_L + \tau_B) - J\dfrac{d\tau}{d\omega} > 0$

- 전동기 감속 상태 : $\tau - (\tau_L + \tau_B) - J\dfrac{d\tau}{d\omega} < 0$

2 안정 운전조건

속도가 상승함에 따라 $\left(\dfrac{dT}{d\omega}\right)_L > \left(\dfrac{dT}{d\omega}\right)_M$

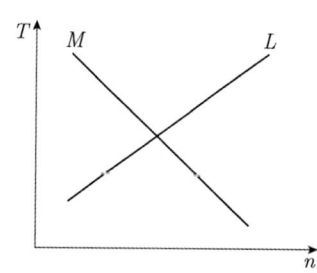

전동기의 기동법

직류전동기, 유도전동기 및 동기전동기의 기동법은 다음과 같다.

1 직류전동기 기동법

직류전동기의 기동에는 소용량 전동기에 사용하는 전전압 기동이 있으나 일반적으로는 기동저항에 의한 기동을 사용한다.
기동저항기를 사용하는 경우의 기동 시의 조건은 다음과 같다.

- 기동저항(R_s) : 최대
- 계자저항기(FR) : 최소(0)

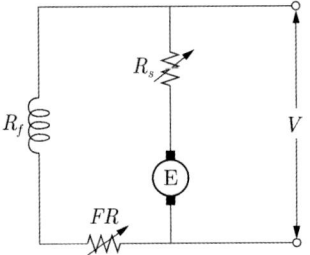

2 3상 유도전동기 기동법

3상 유도전동기는 농형 유도전동기와 권선형 유도전동기로 나뉘며 각각의 기동방식은 다음과 같다.

① 농형 유도전동기
- 전전압 기동(직입기동)
  5[kW] 이하의 소형 농형 유도전동기에는 갑자기 정격전압을 가하면 정격전류의 약 4~6배의 기동전류가 흐르게 되나 용량이 적어서 영향이 적으므로 직접 전압을 가하는 기동방식이다.
- Y-△기동
  5~15[kW] 정도의 전동기에서는 기동전류 제한을 위해 기동은 Y결선으로 하고 운전은 △결선을 이용하는 방식으로 이때, 기동전류는 $\frac{1}{3}$배가 되며 기동전압은 정격전압의 $\frac{1}{\sqrt{3}}$, 기동토크는 $\frac{1}{3}$배가 되는 기동 방식이다.
- 리액터 기동
  농형 유도전동기의 1차측에 리액터를 설치하여 리액턴스에 의해 인가되는 전압을 감전압하여 기동하는 방식이다.
- 기동 보상기법
  15[kW] 이상인 농형 유도전동기는 단권변압기를 이용하여 전동기에 인가되는 기동전압을 낮추어서 기동하는 방식이다.

② 권선형 유도전동기
  권선형 유도전동기의 기동은 2차회로의 외부에 기동저항을 접속하여 기동전류를 제한할 수 있으며 주로 비례추이를 이용한 2차 저항법을 사용한다(2차저항기동, 게르게스 법).

3 단상 유도전동기의 기동

단상 유도전동기의 기동법에 따른 분류는 다음과 같다.

① 반발 기동형
  기동토크가 크며 브러시를 단락하여 기동하며 브러시를 이동하여 속도를 제어하는 전동기이다.

② 콘덴서 기동형

콘덴서를 이용하여 기동하는 방식으로 기동토크가 크며 역률이 매우 우수하며 효율도 다른 단상전동기에 비해 우수하다. 또한 토크의 진동이 적고 소음이 적다.

③ 분상 기동형

주권선과 90° 위상차가 있는 보조 권선을 설치하여 주권선과 위상차에 의해 기동하는 방식으로 주권선과 보조권선의 특징은 다음과 같다.
- $R > X$ (보조권선)
- $R < X$ (주권선)

④ 셰이딩 코일형

토크가 적고 단락권선 내 손실이 크기 때문에 효율과 역률이 나쁘며 구조상 회전방향을 바꿀 수 없다.

⑤ 단상 유도전동기를 기동토크가 큰 순서로 배열하면 다음과 같다.

> 반발기동형 > 반발유도형 > 콘덴서 기동형 > 분상 기동형
> > 셰이딩 코일형 > 모노사이클릭형

4 동기전동기의 기동법

동기전동기는 고정자에 3상 전압을 가해 회전자계를 얻게 하여도 기동토크를 발생하기 어렵다. 따라서 동기전동기는 기동법이 중요하게 되며 기동법은 다음과 같다.

① 자기 기동법 : 제동권선에서 기동토크를 얻는 방법
② 기동전동기법 : 유도전동기를 기동전동기로 사용하며 동기전동기보다 2극을 적게 하여 사용
      (같은 극수로는 유도전동기가 동기전동기 속도보다 sN_s 만큼 늦으므로)

전동기 속도제어

1 직류전동기의 속도제어법

먼저, 직류전동기의 속도 식은 $n = k\dfrac{V - I_a R_a}{\phi}$ 이므로

① 저항제어법

전기자회로에 직렬로 저항을 넣어 $R_a + R$ 에서 R 을 조정하여 속도를 조정하는 방법으로 효율이 저하되는 단점이 있어 많이 사용하지는 않는다.

② 계자 제어법

계자속 ϕ 를 조정하는 방식으로 계자전류를 가감하는 방법으로 계자저항을 조성하면 계자전류의 증감이 발생하여 속도제어하는 방식으로 비교적 광범위한 속도제어기 이루어지지만 정류가 불량이므로 주로 정출력제어로 사용한다.

③ 전압 제어법

전동기의 공급전압 V를 조정하여 속도 조정하는 방식으로 효율이 가장 좋으며 연속적이고 광범위한 속도제어가 가능하며 워드 레오나드 방식과 일그너 방식이 있다.
- 워드 레오나드 방식 : 소형부하(엘리베이터)
  관성이 적은 시스템
- 일그너 방식 : 대형부하나 부하 변동이 심한 장소의 속도제어에 주로 사용
  플라이휠 효과 이용(관성모멘트가 크다)
  제철, 제강, 압연 등에 사용

2 농형 유도전동기 속도제어

① 주파수 변환법
- 역률이 양호하며 연속적인 속도제어가 되지만, 전용 전원이 필요
- 인견·방직 공장의 포트모터, 선박의 전기추진기

② 극수 변환법

$$N = (1-s)N_s = (1-s)\frac{120f}{P} \text{[rpm]}$$

③ 전압 제어법
전원 전압의 크기를 조절하여 속도제어

3 권선형 유도전동기 속도제어

① 2차 저항법
- 토크의 비례추이를 이용한 것
- 2차 회로에 저항을 삽입 토크에 대한 슬립을 바꾸어 속도제어

② 2차 여자법
- 회전자 기전력과 같은 주파수 전압을 인가하여 속도제어
- 고효율로 광범위한 속도제어

③ 종속접속법
- 직렬종속법 : $N = \dfrac{120}{P_1 + P_2}f$
- 차동종속법 : $N = \dfrac{120}{P_1 - P_2}f$
- 병렬종속법 : $N = 2 \times \dfrac{120}{P_1 + P_2}f$

4 속도 변동률이 큰 순서

단상 유도전동기 > 3상 농형 유도전동기 > 3상 권선형 유도전동기 > 동기전동기

전동기 제동법

전동기의 제동법은 다음과 같이 발전제동, 회생제동, 역전제동, 와전류제동, 기계제동으로 나뉜다.

1 발전제동

전동기의 전기자를 전원에서 끊고 전동기를 발전기로 동작시켜 회전 운동에너지로 발생하는 전력을 그 단자에 접속한 저항에서 열로 소비시키는 제동방법이다.

2 회생제동

전동기를 발전기로 동작시켜 그 유도기전력을 전원 전압보다 크게 함으로써 전력을 전원에 되돌려 보내면서 제동시키는 경제적인 제동방법이다.

3 역상제동(플러깅)

전동기를 전원에 접속한 채로 전기자의 접속을 반대로 바꾸거나 3상의 경우 3선 중 2선의 접속을 반대로 하여 역토크를 발생시켜 급정지하는 제동방법이다.

전동기 종류와 특성

전동기의 종류는 직류전동기, 동기전동기, 유도전동기가 사용된다.

1 직류전동기

직류전동기는 속도 조정이 간단하고 정밀한 속도제어가 가능하며 종류와 특성은 다음과 같다.

① 직류 직권전동기

- 기동토크가 크다. ($T \propto I^2 \propto \dfrac{1}{N^2}$) : 전기철도, 기중기
- 변속도 특성

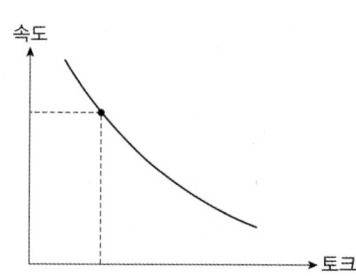

② 직류 분권전동기, 타여자 전동기

- 정속도 특성($T \propto I \propto \dfrac{1}{N}$)

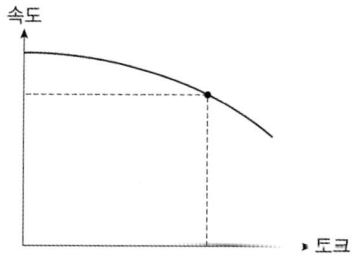

2 동기전동기

동기 전동기의 장·단점은 다음과 같다.

① 장점
- 속도가 $N_s = \dfrac{120f}{p}$로 일정하다.
- 역률 1로 조정 가능하다.
- 효율이 좋다.
- 공극이 크고 기계적으로 튼튼하다.

② 단점
- 기동토크가 작다(자기기동이 어렵다).
- 속도제어가 어렵다.
- 직류 여자기가 필요하다.
- 난조가 일어나기 쉽다.

3 3상 유도전동기

3상 유도전동기는 농형 유도전동기와 권선형 유도전동기가 있으며 특징은 다음과 같다.

① 농형 유도전동기
- 구조가 간단하며 보수가 용이하다.
- 효율이 양호(동기기보다는 효율이 좋지 않다)하다.
- 속도 조정이 곤란하다.
- 기동토크가 작아 대형이 되면 기동이 곤란하다.

② 권선형 유도전동기
- 중형과 대형에 많이 사용한다.
- 기동이 쉽고 속도 조정이 용이하다.

전동기의 용량 계산

양수 펌프용 전동기와 권상기의 출력은 다음과 같다.

1 양수펌프용 전동기 출력

① $P = \dfrac{9.8QHK}{\eta}$ [kW]

여기서, Q : 유량(양수량) [m³/s], H : 양정 [m]
K : 여유계수, η : 효율

② $P = \dfrac{KQH}{6.12\eta}$ [kW]   여기서, Q : 양수량 [m³/min]

② **권상기(엘리베이터)**

$$P = \frac{WV}{6.12\eta} \times C \, [\text{kW}]$$

여기서, W : 권상 하중[ton], V : 권상 속도[m/min], C : 평형률

③ **송풍기 출력**

$$P = \frac{KQH}{6120\eta} [\text{kW}]$$

여기서, K : 여유계수, Q : 풍량 [m³/분]
       H : 풍압 [mmAq], η : 효율

부하의 종류

부하의 종류에는 정토크 부하와 제곱토크 부하로 구분하며 속도-토크 특성은 다음과 같다.

① **정토크 부하**

속도에 관계없이 일정한 토크가 필요한 인쇄기 등의 부하

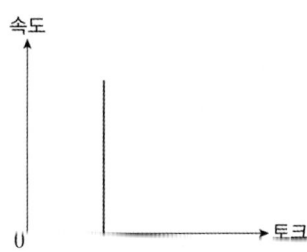

② **제곱토크부하**

송풍기, 펌프 등과 같은 유체 부하

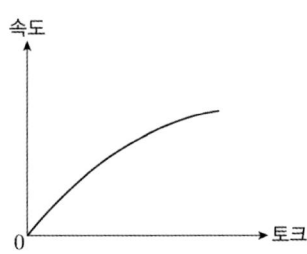

절연물의 최고 허용온도

전기기기의 권선 및 기타 도전부분의 절연은 그 구성 재료에 따라 다음과 같이 분류되며 그 종별에 따라 온도상승도가 정해져 있다.

• 절연물의 최고 허용온도

절연재료	Y	A	E	B	F	H	C
최고허용온도(단위 : ℃)	90	105	120	130	155	180	180 초과

전동기의 형식

전동기의 형식은 방식형(방부형), 방적형, 방수형, 방폭형, 내산형으로 다음과 같다.

1 방식형(방부형)
지정된 부식성의 산, 알칼리 또는 유해가스가 존재하는 장소에서 실용상 지장이 없도록 사용할 수 있는 구조

2 방적형
연직에서 15도 이내의 각도로 낙하하는 물방울이 기기 내부에 들어가 전기 절연물이나 전기 권선용 철심에 접촉하는 일이 없는 구조

3 방수형
물을 주수하여도 물이 침입할 수 없는 구조

4 방폭형
폭발성 가스가 존재하는 곳에 사용할 수 있는 구조로서 전기불꽃이나 기기의 온도 상승에 의해서 폭발되거나 폭발되어도 위험이 없는 구조

5 내산형
염분이 많은 지역(바닷가 지역)에 사용하는 방식

이론 요약

1. 운동에너지

① $W = \frac{1}{2}m(r\omega)^2 = \frac{1}{2}mr^2\omega^2 = \frac{1}{2}J\omega^2 [J]$

여기서, 관성모멘트 $J = mr^2 = \frac{GD^2}{4}[kg \cdot m^2]$

② 플라이휠 효과 $= GD^2 [kg \cdot m^2]$

2. 전동기 안정 운전 조건 : 속도가 상승함에 따라 $T_M < T_L$

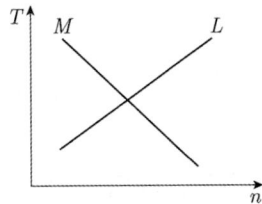

3. 전동기의 종류

① 직류 전동기 : 속도 조정이 간단하고 정밀한 속도 제어
- 직권
  - 기동토크가 크다 ($\tau \propto I^2 \propto \frac{1}{N^2}$) : 전기 철도
  - 직류, 교류에 이용
- 분권
  - 정속도 특성

② 교류 전동기 : 전원을 자유롭게 얻을 수 있고 경제적
- 동기전동기
  - 효율이 가장 높고 정속도 특성
  - 자기 기동이 어렵다.
- 농형유도전동기
  - 기동법 : 직입기동, Y-△ 기동(5~15[kW]), 기동보상기법(단권변압기 이용)
- 특수 농형 유도전동기
  - 기동, 정지가 빈번한 부하
  - 동기속도 이상으로 회전할 수 없음
- 단상 유도 전동기 : 속도 변동이 크고 효율이 낮음(가정용)

※ 단상유도전동기 기동 토크 큰 순서
반발 기동형 〉 반발 유도형 〉 콘덴서 기동형 〉 분상 기동형 〉 셰이딩 코일형

4. 전동기 속도제어

① 직류 전동기 : $N = k\dfrac{V - I_a R_a}{\phi}$

- 저항제어 : 효율이 낮고 전력 손실이 크다.
- 전압제어 : 광범위한 속도제어 가능
  - 워드 레오너드 방식 : 소형부하(엘리베이터)
  - 일그너 방식 : 부하가 수시로 변하는 곳에 사용
    플라이 휠 사용(관성모멘트를 크게)
    가변속도 대용량 제관기, 제철용 압연기
  - 쵸퍼 제어 방식 : 대형 전기 철도
- 계자 제어 : 정출력 제어

② 유도전동기(3상 농형 유도전동기)
- 주파수 변환법
  - 인견공장의 포트 모터
  - 선박의 전기 추진
- 극수 변환법
- 전압제어 : $s \propto \dfrac{1}{V^2}$
- 2차 저항제어 : 비례추이 원리를 이용(3상 권선형 유도전동기)

5. 전동기 제동법

① 발전제동
- 운동에너지를 전기적 에너지로 변환
- 저항에서 열로 소비되면서 제동

② 회생제동
- 유도전압을 전원전압보다 높게 하여 제동하는 방식
- 발전 제동하여 발생된 전력을 선로로 되돌려 보냄

③ 역상제동(플러깅), 역전제동
- 3상 중 2상을 바꾸어 제동
- 속도를 급격히 정지 또는 감속시킬 때

6. 전동기 소요 동력 계산

종류	소요 동력	
권상기	$P = \dfrac{Wv}{6.12\eta}$ [kW]	W : 중량(하중)[ton] v : 권상 속도[m/min] η : 효율
양수 펌프	$P = \dfrac{kQH}{6.12\eta}$ [kW]	H : 양정[m] Q : 양수량[m³/min] η : 효율 k : 손실계수(여유계수)

7. 전동기 형식

① 방식형(방부형) : 지정된 부식성의 산, 알칼리 또는 유해가스가 존재하는 장소에서 실용상 지장이 없도록 사용할 수 있는 구조
② 방적형 : 연직에서 15도 이내의 각도로 낙하하는 물방울이 기기 내부에 들어가 전기 절연물이나 전기 권선용 철심에 접촉하는 일이 없는 구조(IPX2)
③ 방폭형 : 화학공장 등 폭발성 가스 체류 장소

CHAPTER 03 필수 기출문제

꼭! 나오는 문제만 간추린

01 전동기가 동력으로 우수한 점을 설명한 것 중 해당하지 않는 것은?

① 취급이 용이하고, 제어가 간단, 정밀하게 된다.
② 외관만으로는 고장 난 곳을 찾기 어렵다.
③ 전동기의 종류가 많다.
④ 진동, 소음이 적고 청결하다.

해설 전동기의 장점
- 취급이 용이하고, 제어가 간단, 정밀하게 된다.
- 전동기의 종류가 많다.
- 진동, 소음이 적고 청결하다.

전동기의 단점
- 외관만으로는 고장 난 곳을 찾기 어렵다.

【답】②

02 전동기의 설비용량은 실효 용량의 몇 배인가?

① 1   ② 1.5
③ 3   ④ 2.5

해설 전동기의 설비용량은 실효용량의 1.5배 정도로 한다.

【답】②

03 플라이휠 효과 $GD^2 = 100$[kg·m²]의 자동차용 플라이휠이 있다. 이 플라이휠의 관성모멘트 J [kg·m²]를 구하면?

① 25   ② 20
③ 15   ④ 10

해설 관성모멘트 $J = mr^2 = \dfrac{GD^2}{4} = \dfrac{100}{4} = 25$ [kg·m²]

【답】①

04 플라이휠 효과가 GD^2 [kg·m²]인 전동기의 회전자가 n_2[rpm]에서 n_1[rpm]으로 감속할 때 방출한 에너지 [J]는?

① $\dfrac{GD^2(n_2-n_1)^2}{730}$ ② $\dfrac{GD^2(n_2^2-n_1^2)}{730}$

③ $\dfrac{GD^2(n_2-n_1)^2}{373}$ ④ $\dfrac{GD^2(n_2^2-n_1^2)}{373}$

해설 방출 에너지 $W = W_2 - W_1 = \dfrac{GD^2}{730}N_2^2 - \dfrac{GD^2}{730}N_1^2 = \dfrac{GD^2}{730}(N_2^2 - N_1^2)$

【답】②

05 GD^2가 200[kg·m²]인 플라이휠이 1,800[rpm]으로 회전하고 있다. 이 플라이휠이 보유하고 있는 축적 에너지[J]는 약 얼마인가?

① 721,785 ② 887,671
③ 812,321 ④ 782,671

해설 축적 에너지 $W = \dfrac{1}{2}\left(\dfrac{GD^2}{4}\right)\left(\dfrac{2\pi N}{60}\right)^2 = \dfrac{GD^2 N^2}{730}$ [J]

$= \dfrac{200 \times 1,800^2}{730} = 887,671$ [J]

【답】②

06 전동기의 출력 P[kW], 속도 N[rpm]인 전동기의 토크[kg·m]는?

① $9.8\dfrac{P}{N}$ ② $975\dfrac{P}{N}$
③ $980NP$ ④ $980\dfrac{N}{P}$

해설 전동기의 토크 $T = 975 \times \dfrac{P}{N}$[kg·m]   여기서, P[kW]

【답】②

07 유도전동기에 기동 보상기법을 사용하는 데 적당한 전동기의 용량[kW]은?

① 1 ② 7.5
③ 10 ④ 15

해설 유도전동기의 기동법

농형 유도 전동기	• 전전압 기동(직입기동) : 5[HP] 이하(3.7[kW]) • Y·△ 기동(5~15[kW]) 급: 전류 1/3배, 전압 $1/\sqrt{3}$ 배 • 기동 보상기법 : 단권 변압기 사용 감전압기동(15[kW] 이상)
권선형 유도 전동기	• 2차 저항 기동법 ⇨ 비례 추이 이용

【답】④

08 ★★★★★ 안정한 정상 운전의 조건은? 단, 부하 토크 L, 전동기 토크 M 이다.

①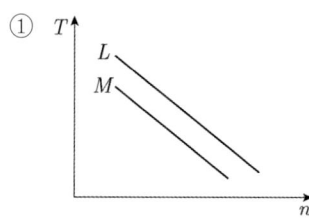
②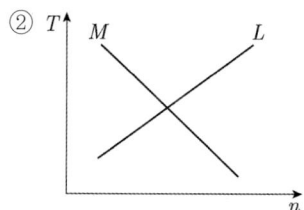
③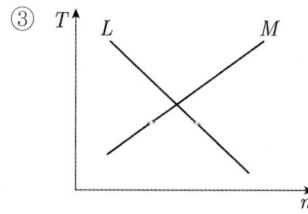
④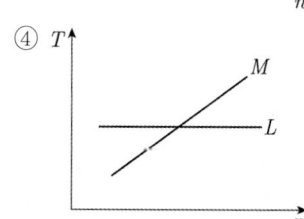

해설 안정 운전 조건 : 속도가 상승함에 따라 $T_M < T_L$

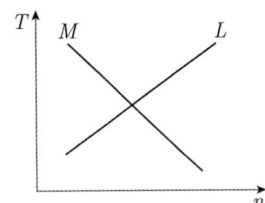

【답】②

09 전동기 부하를 운전할 때 운전이 안정하기 위해서는 전동기 및 부하의 각속도(ω)·토크(T)특성에 만족해야 할 조건은? 단, M, L은 각각 전동기, 부하를 표시한다.

① $\left(\dfrac{dT}{d\omega}\right)_M > \left(\dfrac{dT}{d\omega}\right)_L$ ② $\left(\dfrac{dT}{d\omega}\right)_M = \left(\dfrac{dT}{d\omega}\right)_L$

③ $\left(T\dfrac{dT}{d\omega}\right)_M > \left(T\dfrac{dT}{d\omega}\right)_L$ ④ $\left(\dfrac{dT}{d\omega}\right)_L > \left(\dfrac{dT}{d\omega}\right)_M$

해설 안정 운전 조건 : 속도가 상승함에 따라 $\left(\dfrac{dT}{d\omega}\right)_L > \left(\dfrac{dT}{d\omega}\right)_M$

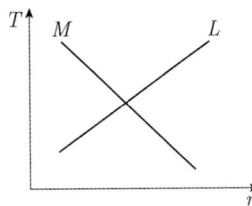

【답】④

10 전원으로 일그너 방식을 사용하는 것은?
① 냉동용 가스 압축기
② 제철용 압연기
③ 제지용 초지기
④ 시멘트 공장용 분쇄기

해설 직류전동기 속도제어 중 전압제어 방식
• 워드 레오나드 방식 : 관성모멘트가 적은 부하에 사용(엘리베이터 등)
• 일그너 방식 : 플라이 휠을 사용하여 관성모멘트를 크게 한 것으로 대형부하나 부하가 급변하는 장소에 사용(제철, 제관 공장 등에 사용)

【답】②

11 ★★★★★ 워드 레오너드 방식에 해당되는 속도제어법은?
① 저항제어법
② 직병렬제어법
③ 계자제어법
④ 전압제어법

해설 직류전동기 속도제어법

종류	특징
전압제어	• 광범위 속도제어 가능 • **워드 레오나드 방식 : 소형부하(엘리베이터에 사용)** • 일그너 방식(부하가 급변, 대용량 부하·제철, 제강, 압연) - 플라이휠 효과(관성모멘트 증가) • 정토크 제어

【답】④

12 워드 레오나드 방식과 일그너 방식의 차이점은?

① 플라이휠을 이용하는 점이다.
② 전동 발전기를 이용하는 점이다.
③ 직류 전원을 이용하는 점이다.
④ 권선형 유도 발전기를 이용하는 점이다.

해설 직류전동기 속도제어

종류	특징
전압제어	• 광범위 속도제어 가능 • 워드 레오나드 방식 : 소형부하(엘리베이터에 사용) • **일그너 방식**(부하가 급변, 대용량 부하·제철, 제강, 압연) 　– 플라이휠 효과(관성모멘트 증가) • 정토크 제어

【답】①

13 엘리베이터용 전동기로서 필요한 특성은?

① 기동전류가 적을 것
② 가속도의 변화 비율이 클 것
③ 기동토크가 작을 것
④ 관성모멘트가 작을 것

해설 엘리베이터용 전동기
• **관성모멘트가 적을 것**
• 기동토크가 클 것
• 가속도 변화비율이 작을 것

【답】④

14 농형 유도전동기의 기동에 있어 다음 중 옳지 않은 방법은?

① 전전압 기동
② 단권변압기에 의한 기동
③ Y-△ 기동
④ 2차 저항에 의한 기동

해설 유도전동기의 기동법

농형 유도 전동기	• 전전압 기동(직입기동) : 5[HP] 이하(3.7[kW]) • Y·△ 기동(5~15[kW]) 급: 전류 1/3배, 전압 $1/\sqrt{3}$ 배 • 기동 보상기법 : 단권 변압기 사용 감전압기동
권선형 유도 전동기	• **2차 저항 기동법** ⇨ 비례 추이 이용

【답】④

15 유도전동기의 속도제어가 아닌 것은?

① 2차 저항제어
② 계자제어
③ 공급 단자 전압제어
④ 극수 변환

해설 유도 전동기의 속도제어

구분	특징
농형 유도 전동기	① 주파수 변환법 　• 역률이 양호하며 연속적인 속도제어가 되지만, 전용 전원이 필요 　• 인견·방직 공장의 포트모터, 선박의 전기추진기 ② 극수 변환법 ③ 전압제어법 　• 전원 전압의 크기를 조절하여 속도제어
권선형 유도 전동기	① 2차 저항법 　• 토크의 비례추이를 이용한 것 　• 2차 회로에 저항을 삽입 토크에 대한 슬립 S를 바꾸어 속도제어

② 2차 여자법
- 회전자 기전력과 같은 주파수 전압을 인가하여 속도제어
- 고효율로 광범위한 속도제어
③ 종속접속법
- 직렬종속법 : $N = \dfrac{120}{P_1 + P_2} f$
- 차동종속법 : $N = \dfrac{120}{P_1 - P_2} f$
- 병렬종속법 : $N = 2 \times \dfrac{120}{P_1 + P_2} f$

【답】②

16. 섬유 공장에서 실을 감는 데 사용하는 포트 모터는?

① 동기전동기
② 농형 유도전동기
③ 정류자 전동기
④ 권선형 유도전동기

해설 유도전동기의 속도제어

구분	특 징
농형 유도 전동기	① 주파수 변환법 - 역률이 양호하며 연속적인 속도제어가 되지만, 전용 전원이 필요 - 인견·방직 공장의 포트모터, 선박의 전기추진기 ② 극수 변환법 ③ 전압제어법 - 전원 전압의 크기를 조절하여 속도제어

【답】②

17. 전동 발전기 혹은 정지형 인버터에서 2차 전력을 전원에 변환하는 방식의 전동기 속도제어 방식은?

① 일그너 방식
② 세르비스 방식
③ 크래머 방식
④ 워드 레오나드 방식

해설
- 세르비스 방식 : 전동 발전기 혹은 정지형 인버터에서 2차 전력을 전원에 변환하는 방식
- 크래머 방식 : 2차 전력을 기계적 동력으로 바꾸어 이용하는 방식

【답】②

18. 다음 단상 유도전동기에서 기동토크가 가장 큰 것은?

① 분상 기동전동기
② 콘덴서 기동전동기
③ 콘덴서 전동기
④ 반발 기동전동기

해설 단상 유도전동기에서 기동토크가 큰 순서
반발기동형 〉 반발유도형 〉 콘덴서기동형 〉 분상기동형 〉 셰이딩코일형 〉 모노사이클릭형

【답】④

19. 부하전류가 증가하면 가장 급격히 속도가 감소하는 전동기는?

① 직류 분권전동기
② 직류 복권전동기
③ 3상 유도전동기
④ 직류 직권전동기

해설 직류 직권전동기 : $\tau \propto I^2 \propto \dfrac{1}{N^2}$

- 토크는 부하전류의 제곱에 비례하고 회전수의 제곱에 반비례
- 속도는 부하전류에 반비례
- 부하 전류가 증가하면 가장 급격히 속도가 감소하는 전동기

【답】④

20 ★★★★★
직류전동기의 속도제어 중 정출력 제어에 사용되는 제어방법은?
① 저항제어
② 계자제어
③ 일그너제어
④ 2차 저항제어

해설 계자 제어법
직류전동기 속도제어 중 계자속 ϕ를 조정하는 방식으로 계자전류를 가감하는 방법으로 계자저항을 조정하면 계자전류의 증감이 발생하여 속도제어하는 방식으로 비교적 광범위한 속도제어기 이루어 지지만 정류가 불량이므로 주로 정출력제어로 사용한다. 【답】②

21 직류 직권전동기의 용도는?
① 펌프용
② 압연기용
③ 전기 철도용
④ 송풍기용

해설 직류 직권전동기 용도 : 전기철도용 【답】③

22 ★★★★★
다음 전동기 중 역률이 가장 좋은 전동기는?
① 3상 동기전동기
② 농형 유도전동기
③ 권선형 유도전동기
④ 반발 기동 단상 유도전동기

해설 3상 동기전동기의 특징
• 정속도 전동기($N_s = \dfrac{120f}{p}$)(속도 조정이 어렵다)
• 기동이 어렵다(설비비가 고가).
• 역률 1.0로 조정 가능 : 진상과 지상전류를 연속 공급 가능(동기조상기) 【답】①

23 전동기 유형별 기동방법으로 잘못 짝지어진 것은?
① 농형유도전동기 : 직입기동, Y-△기동, 1차 직렬임피던스 기동
② 권선형 유도전동기 : 콘돌파 기동, 2차 저항기동
③ 단상유도전동기 : 분상기동, 반발기동
④ 동기전동기 : 전전압기동, 리액터 기동, 2차 저항기동

해설 (1) 3상 유도전동기의 기동법

농형 유도전동기	· 전전압 기동(직입기동) : 5[HP] 이하(3.7[kW]) · Y-△ 기동(5~15[kW]) : 전류 1/3배, 전압 $1/\sqrt{3}$ 배 · 기동 보상법 : 단권변압기 사용 감전압기동
권선형 유도전동기	· 2차 저항 기동법 ⇨ 비례 추이 이용

(2) 동기전동기 : 자기동법, 기동전동기법 【답】④

24 전동기의 전기자를 전원에서 끊고 전동기를 발전기로 동작시켜 회전 운동에너지로 발생하는 전력을 그 단자에 접속한 저항에서 열로 소비시키는 제동방법은?
① 역전제동
② 회생제동
③ 발전제동
④ 와전류제동

해설 전동기제동

- 발전제동 : 전동기의 전기자를 전원에서 끊고 전동기를 발전기로 동작시켜 회전 운동에너지로 발생하는 전력을 그 단자에 접속한 저항에서 열로 소비시키는 제동방법
- 회생제동 : 전동기를 발전기로 동작시켜 그 유도기전력을 전원 전압보다 크게 함으로써 전력을 전원에 되돌려 보내면서 제동시키는 경제적인 방법
- 역상제동(플러깅) : 전동기의 전원 접속을 바꾸어 역토크를 발생시켜 급정지시키는 방법 【답】③

25 전동기의 회생 제동이란?
① 전동기의 기동력을 저항으로 소비시키는 방법이다.
② 전동기를 발전 제동으로 하여 발생 전력을 선로에 보내는 방법이다.
③ 와전류손으로 회전체의 에너지를 잃게 하는 방법이다.
④ 전동기에 붙인 제동화에 전자력으로 가압하는 방법이다.

해설 회생제동
전동기를 발전기로 동작시켜 그 유도기전력을 전원 전압보다 크게 함으로써 전력을 전원에 되돌려 보내면서 제동시키는 경제적인 방법 【답】②

26 다음 중 정토크 부하에 해당되는 것은?
① 인쇄기   ② 펌프
③ 기중기   ④ 송풍기

해설
- 정토크 부하 : 속도에 관계없이 일정한 토크가 필요한 인쇄기 등의 부하
- 제곱토크 부하 : 송풍기, 펌프 등과 같은 유체 부하 【답】①

27 3상 유도전동기를 급속히 정지 또는 감속시킬 경우, 가장 손쉽고 효과적인 제동법은?
① 발전제동   ② 와전류제동
③ 회생제동   ④ 역상제동

해설 역상제동
전동기를 전원에 접속한 채로 3상에서 2상을 반대로 바꾸어 회전 방향과 반대의 토크를 발생시켜, 갑자기 정지 또는 역전시키는 방법 【답】④

28 전동기의 정격에 해당되지 않는 것은?
① 연속 정격   ② 반복 정격
③ 중시간 정격   ④ 단시간 정격

해설 전동기 정격의 종류
- 연속 정격 : 지정된 조건 아래에서 연속 사용할 때 그 기기에 관한 표준 규격에 정해져 있는 온도 상승이나 그 밖의 제한을 초과하는 일이 없는 정격
- 단시간 정격 : 기기를 냉각된 상태에서 사용하기 시작하여 지정된 일정한 단시간 지정 조건 하에서 사용할 때, 그 기기에 대한 표준 규격으로 정하여지는 온도상승 등의 제한을 넘지 않는 정격
- 반복 정격 : 지정된 조건 아래에서 일정한 부하로 운전과 정지를 주기적으로 반복 사용할 때에 규정된 온도상승 등 기타의 제반조건을 초과하지 않는 정격 【답】③

29 펌프 또는 송풍기용 전동기의 특성으로 적당한 것은 다음 그림 중 어느 것인가?

① A ② B
③ C ④ D

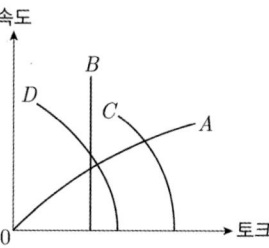

해설 정토크 부하 : 속도에 관계없이 일정한 토크가 필요한 인쇄기 등의 부하
제곱토크 부하($T \propto \omega^2$) : 송풍기, 펌프 등과 같은 유체 부하

【답】①

30 지정된 부식성의 산, 알칼리 또는 유해가스가 있는 장소에서 실용상 지장 없이 사용할 수 있는 구조의 전동기는?

① 방적형 ② 방진형
③ 방수형 ④ 방식형

해설
- 방식형(방부형) : 지정된 부식성의 산, 알칼리 또는 유해가스가 존재하는 장소에서 실용상 지장이 없도록 사용할 수 있는 구조
- 방적형 : 연직에서 15도 이내의 각도로 낙하하는 물방울이 기기 내부에 들어가 전기절연물이나 전기 권선용 철심에 접촉하는 일이 없는 구조의 방식

【답】④

31 양수량 5[m³/min], 총양정 6[m]인 양수용 펌프 전동기의 용량은 약 몇 [kW]인가?(단, 펌프 효율 70[%], 여유계수 $K = 1.1$ 이다)

① 7.7 ② 10.5
③ 15.7 ④ 20.5

해설 양수펌프용 전동기 출력 식 $P = \dfrac{KQH}{6.12\eta} = \dfrac{1.1 \times 5 \times 6}{6.12 \times 0.7} = 7.7 [\text{kW}]$

【답】①

32 양수량 40[m³/min], 총 양정 13[m]의 양수펌프용 전동기의 소요출력은 약 몇 [kW]인가? 단, 펌프의 효율은 80[%]라 한다.

① 68 ② 106
③ 136 ④ 212

해설 양수펌프용 전동기 출력 식 $P = \dfrac{KQH}{6.12\eta} = \dfrac{1 \times 40 \times 13}{6.12 \times 0.8} = 106 [\text{kW}]$

【답】②

33 권상 하중 5[t], 12[m/min]의 속도로 물체를 들어 올리는 권상기용 전동기의 용량은 몇 [kW]인가? 단, 전동기를 포함한 기중기의 효율은 70[%]이다.

① 약 7 ② 약 14
③ 약 19 ④ 약 25

해설 권상기의 출력 $P = \dfrac{WV}{6.12\eta} = \dfrac{5 \times 12}{6.12 \times 0.7} = 14 [\text{kW}]$
여기서, W[ton]은 권상하중, V[m/min]는 권상속도

【답】②

34 5층 빌딩에 설치된 적재 중량 1,000[kg]의 엘리베이터를 승강 속도 50[m/min]으로 운전하기 위한 전동기의 출력[kW]은? 단, 평형률은 0.5이다.

① 4　　　　　　　　　　　　　　② 6
③ 8　　　　　　　　　　　　　　④ 10

해설　권상기의 출력 $P = \dfrac{WV}{6.12\eta} \times C$ [kW]

$\quad\quad\quad\quad\quad = \dfrac{WV}{6.12\eta} \times C = \dfrac{1 \times 50}{6.12 \times 1} \times 0.5 \fallingdotseq 4$ [kW]　　　【답】①

35 ★★★★★
(　)에 맞는 것이 순서대로 된 것은? 송풍기의 운전에 요하는 동력은 (　)과 (　)과의 적에 의하여 결정되는 것이며 (　)은 회전수에 비례하고 (　)은 (　)의 제곱에 비례한다.

① 풍량, 풍압, 풍압, 풍량, 회전수　　　② 풍량, 풍압, 풍량, 풍압, 회전수
③ 풍압, 풍압, 풍량, 회전수, 풍량　　　④ 풍압, 풍압, 풍량, 회전수, 풍압

해설　송풍기 출력 $P = \dfrac{KQH}{6120\eta}$ [kW]

여기서, K : 여유계수
$\quad\quad\quad Q$: 풍량 [m³/분]
$\quad\quad\quad H$: 풍압 [mmAq]
$\quad\quad\quad \eta$: 효율

따라서 송풍기의 운전에 요하는 동력은 풍량과 풍압과의 적에 의하여 결정되는 것이며, 풍량은 회전수에 비례하고 풍압은 회전수의 제곱에 비례한다.　　　【답】②

CHAPTER 04 전기철도

전기철도의 종류 · 궤도 구성의 3요소 · 선로의 구성 · 선로의 분기점 · 전차선로 · 급전방식 · 전기 부식(전식)
· 열차의 운전 · 열차의 저항 · 최대 견인력 · 전차용 주전동기 · 보안장치 · 본드의 종류

전기철도의 종류

전기철도(electric railway)는 전기를 이용하여 전기차를 운행하는 철도를 말하며 전기철도의 종류는 운용목적에 의한 것과 전기방식에 의한 것으로 분류하며 다음과 같다.

1 전기방식에 의한 분류

전기철도를 전기방식에 의해 분류하면 직류식과 교류식으로 나눌 수 있으며 각각 다음과 같은 특징을 가진다.

① 직류식 전기철도
- 우리나라의 경우 DC 750, 1,500[V]를 사용한다.
- 교류방식에 비해 전압이 낮아 절연계급이 낮다.
- 통신유도장해가 없다.
- 전기 부식에 대한 대책이 필요하다.

② 교류식 전기철도
- 상별, 주파수별, 전압별로 구분한다(보통 AC 25,000[V] 사용).
- 전기 부식에 대한 우려가 적다.
- 대용량 수송에 유리하다.
- 통신유도장해 대책이 필요하다.

2 궤간에 따른 분류

궤간은 레일과 레일의 간격을 나타내며 [mm]로 표시하며 그 간격에 따라 다음과 같이 분류한다.

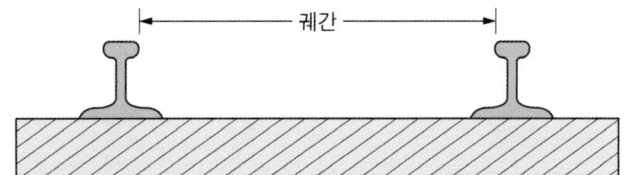

① 표준궤간(軌間) : 1,435[mm]
② 광궤(廣軌) : 표준궤간보다 넓은 궤간
③ 협궤(挾軌) : 표준궤간보다 좁은 궤간

궤도 구성의 3요소

궤도 구성의 3요소는 레일, 침목, 도상이며 그 외에도 복진지로 구성되며 다음과 같다.

1 **레일**

　레일은 탄소함유량이 1~1.3[%]인 고탄소강을 사용하며 역할은 다음과 같다.
　① 차량을 지탱한다.
　② 운전 저항을 감소시킨다.
　③ 레일의 수명은 내부의 결함에 의해서 결정된다.

2 **침목**

　침목은 열차 운행 시 차량 하중을 분산을 위해 설치하는 것이다.

3 **도상(자갈)**

　도상의 역할은 다음과 같다.
　① 소음을 줄인다.
　② 배수를 원활하게 한다.

4 **복진지(anti-creeping)**

　복진지는 열차 운행 시 궤도가 열차의 진행방향으로 이동하는 것을 방지하는 것이다.

선로의 구성

철도 선로에서의 원활한 운행을 위하여 유간, 고도, 확도 등을 시설하며 다음과 같다.

① 유간

유간은 온도 변화에 따른 레일의 신축성 때문에 이음 장소에 간격을 둔 것으로 다음 그림과 같다.

유간

② 확도(슬랙, Slack)

확도(슬랙, Slack)은 곡선 궤도를 운행하는 경우 열차가 원활하게 통과하도록 내측 레일의 간격을 넓히는 정도를 나타내며 다음과 같다.

$S = \dfrac{l^2}{8R}$ [mm]

여기서, l : 고정 차축 거리[m]
　　　　R : 곡선 반지름[m]

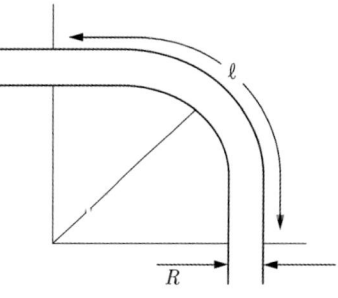

③ 고도(캔트, Cant)

고도(캔트, cant)는 운전의 안정성을 확보를 위하여 곡선 운전 시 원심력에 대비하기 위하여 안쪽 레일보다 바깥쪽 레일을 조금 높여주는 것을 말하며 다음과 같다.

$$h = \dfrac{GV^2}{127R} [\text{mm}]$$

여기서, G : 궤간[mm] 일반적으로는 표준궤간인 1,435[mm]를 사용한다.
　　　　V : 열차속도[km/h]
　　　　R : 곡선반지름[m]

④ 구배(Gradient)

선로의 구배는 2점 사이의 고저차를 수평거리로 나눈 값으로 단위는 $\dfrac{1}{1,000}$인 퍼밀[‰]로 표현

한다. 여기서, 퍼밀 표현을 예를 들면 $\frac{1}{100}$ 인 경우의 구배는 $\frac{1}{100} \times 1,000 = 10[‰]$

주요 선로의 허용 구배는 다음과 같다.

① 중요 선로 : 10[‰]

② 보통 선로 : 25[‰]

③ 전차전용 선로 : 35[‰]

다음과 같은 신로에서의 구배는

구배 $= \frac{BC}{AB} \times 1,000 [‰]$

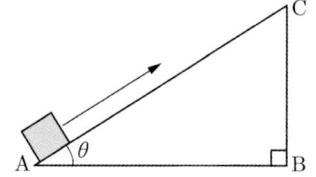

선로의 분기점

선로를 분기하는 경우에는 전철기, 도입궤조, 호륜궤조 등을 시설하며 철차(Crossing)를 분기점이라 하며 그 구간에서는 고도를 가질 수 없다.

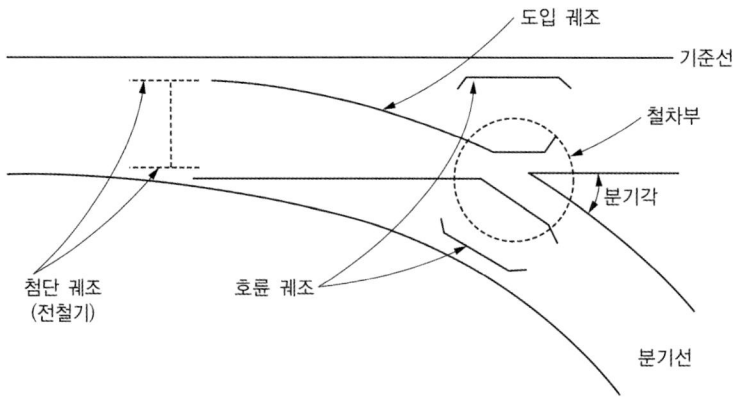

1 전철기(첨단궤조)

전철기는 차륜을 궤도에서 다른 궤도로 유도하는 장치로서 첨단궤조라고 한다.

② 도입궤조(Lead rail)
도입궤조는 첨단궤조와 철차부(crossing)를 연결하는 원곡선의 레일로 리드레일이라고도 한다.

③ 호륜궤조(Guard rail, 가드 레일)
호륜궤조는 차륜의 탈선을 막기 위하여 분기반대편에 설치한 레일로서 가드 레일이라고도 한다.

④ 철차각과 철차번호
철차(Crossing)가 있는 장소에서는 각각 고유의 철차각과 철차번호가 있으며 다음과 같다.

① 철차각(θ) : 철차부에서 기준선과 분기선이 교차하는 각도

② 철차번호 : $N = \dfrac{1}{2}\cot\dfrac{\theta}{2} = \cot\theta$

⑤ 종곡선 & 완화곡선
① 종곡선 : 수평궤도에서 경사궤도로 변화하는 부분
② 완화곡선 : 직선궤도에서 곡선궤도로 이용하는 곳

전차선로

전기차의 집전장치와 접촉하여 전력을 공급하기 위한 전차선 등의 가선설비와 이에 부속하는 설비를 전차선로라 한다. 전기차에 전력을 직접적으로 공급하는 전차선 등의 가선설비와 이것을 전기적, 기계적으로 구분하거나 보호, 조정하는 전차선장치 및 지지구조물 등으로 구성되어 있다.

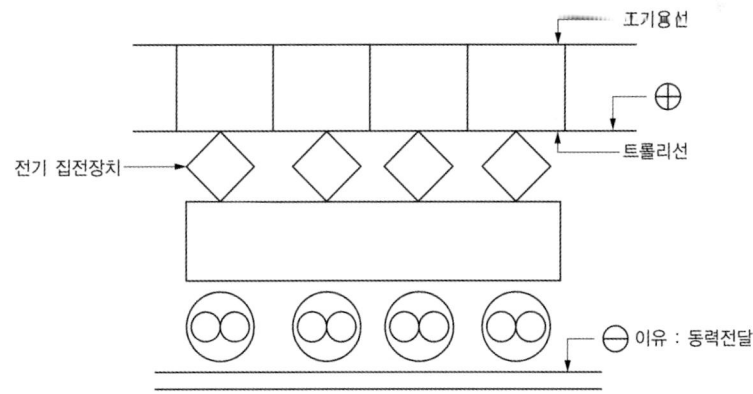

① 전차선로
전기차의 집전장치와 접촉하여 전력을 공급하기 위한 전차선등의 가선설비와 이에 부속하는 설비로 다음과 같다.
① 단선식 : 트롤리선 1본+귀선(레일)
② 복선식 : 트롤리선 2본
③ 제3레일식 : 제3레일(전력공급)+귀선(레일)

2 집전장치

전기차량이 가공선 또는 제3레일에서 전기를 얻기 위한 장치를 집전장치라 한다.
집전장치에는 팬터그래프, 뷔겔, 트롤리 봉이 사용되며 우리나라는 주로 팬터그래프를 사용한다.

① 팬터그래프(Pantograph collector)
- 우리나라에서 사용
- 대용량, 고전압 방식에 적합
- 습동판 압력 : 5~11[kg]

② 트롤리 봉(Trolley pole)

③ 뷔겔(Bugel collector)
- 저속도, 저전압, 저용량에 적합

팬터그라프

3 전차선로의 전기적 마모 방지법

전차선의 전기적인 마모 방지법은 다음과 같다.

① 그래파이트(Graphite)를 바른다.

② 동합금선을 사용한다.

③ 집전전류를 일정하게 유지한다.

4 이선율

전기 차의 주행 중에 집전장치와 트롤리선의 접촉이 이탈하는 것을 이선이라 하며 이선의 종류에는 소이선, 중이선, 대이선이 있으며 이선율은 다음과 같다.

$$이선율 = \frac{이선시간}{실제운전시간} \times 100[\%]$$

일반적으로 이선율은 3[%] 이내가 좋다.
① 소이선
  소이선은 전차선 또는 팬터그래프 습판의 미세한 진동으로 발생되며 이선시간은 수십 분의 일초간 정도 발생한다.
② 중이선
  중이선은 팬터그래프가 경점 등의 충격에 따라 불연속으로 발생하며 이선시간은 수분의 일초 정도에 발생한다.
③ 대이선
  대이선은 전차선의 경성점 또는 연성점에 의하여 발생하며 이선시간은 수분의 일초로부터 1~2초 정도이다.

5 **귀선(歸線, Return Wire, Bond)**

급전선을 통해 전기차에 공급된 전력을 변전소에 되돌리기 위한 회로를 귀선(歸線)이라 하고, 일반적으로 레일을 귀선으로 사용하며 또한 감전 사고를 방지하기 위하여 귀선을 부(-)극성으로 한다.

귀선의 전기저항을 낮추기 위한 방법은 다음과 같다.
① 레일본드를 설치하여 전기적인 접속을 개선한다.
   레일본드(Rail bond) : 레일의 접속부분을 연동선으로 연결

② 보조 귀선이나 보조 급전선을 설치한다.

6 **전차선의 조가방법**

전차선의 조가법으로는 직접조가법과 커티너리식과 강체조가식이 있으며 다음과 같다.
① 직접 조가법(Direct suspension)
   직접 조가법은 가장 간단한 조가법으로 전차선 1조로만 구성되며 전차선을 스펜션에 직접 고정하여 사용하며 건설비는 저렴하나 전차선의 장력을 일정한도 이상으로 크게 하는 것이 불가능하다.
② 커티니리 가선시
   전기차의 속도 향상을 위한 전차선의 처짐 정도에 의한 이선율을 작게 하고 동시에 지시성산을 크게 하기 위하여 조가선을 전차선 위에 기계적으로 가선하고 일정한 간격으로 행거나 드로퍼로 매달아 전차선(torlly wire)을 두 지지점 사이에서 궤도면에 대하여 일정한 높이를 유지하도록 하는 방식으로 고속도 전기철도에 적합한 방식을 커티너리 가선식이라 한다.
   커티너리 가선식의 종류는 다음과 같다.
   • 단식 : 조가용선 1개

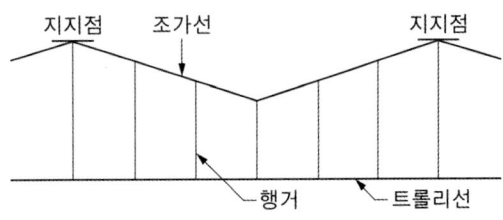

   • 복식 : 조가용선 2개

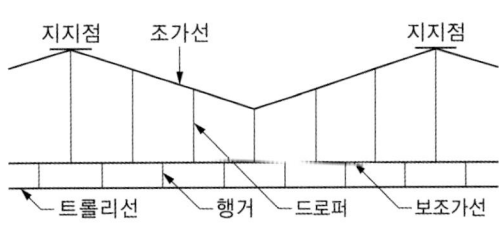

③ 강체조가식

강체 조가식은 지상의 철도에 직통하는 가선식지하철 등에 채용되는 강체의 커티너리 조가식에서는 현수장치에 높이가 있어 터널 단면적이 커지기 때문에 강체조가식이 채용터널의 천장에 알루미늄 합금제의 T형재를 애자에 의해 지지하고 이 아랫면에 알루미늄 합금 이어[Ear, 매다는 금구(金具)]에 의해 트롤리선을 연결·고정하는 방식이다.

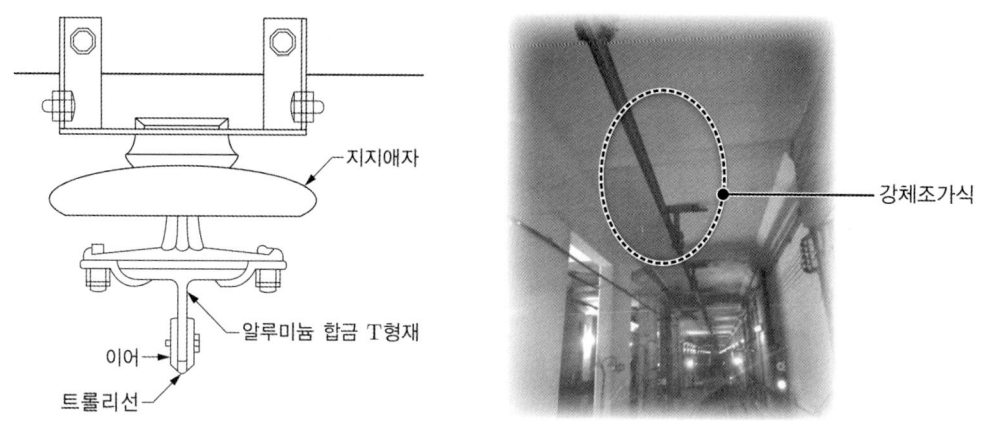

따라서 강체조가식은 단선의 우려가 없으며 터널의 높이를 낮게 할 수 있어 대부분의 지하 구간은 강체조가식을 사용한다.

급전방식의 종류

전기차에 전원으로부터의 안정된 전기를 공급하기 위한 설비를 급전설비(Feeding facility)라 하며 직류 급전 방식과 교류 급전 방식으로 대별된다.
① 직류 급전 방식 : 가공단선식, 가공복선식, 제3레일식
② 교류 급전 방식 : 직접급전 방식, 흡상변압기 방식, 단권변압기 방식
 • 흡상변압기 : 전자유도장해 감소
 • 스코트 결선 : 3상을 2상으로 하여 전압불평형 방지

전기적인 부식(전식)

전기 부식은 직류전차선로에서 귀선로의 저항이 큰 경우 귀선전류에 의한 전압강하가 크게 되어 레일의 전위상승으로 레일에서 대지로 누설전류가 흘러 수도관, 가스관, 전력케이블 등의 지중 금속 매설물을 통해 흐르기 때문에 전해 작용이 일어나는 부식으로 주로 지중관로의 전위가 높고 전류가 유출되는 곳에서 발생하며 대책은 다음과 같다.

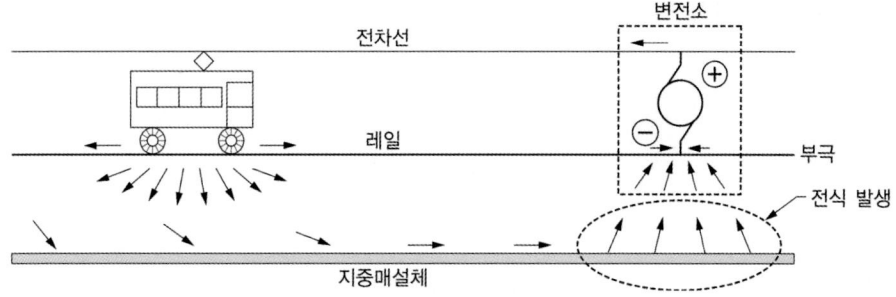

전기 부식 방지대책은 다음과 같다.

① 전기철도 측
- 변전소 간 간격 축소
- 레일본드의 양호한 시공
- 장대레일 채택
- 절연도상 및 레일과 침목사이에 절연층 설치

② 매설금속체 측
- 배류장치 설치
- 절연코팅
- 매설금속체 접속부 절연
- 저준위 금속체를 접속
- 궤도와의 이격 거리 증대
- 금속판 등의 도체로 차폐

열차의 운전

열차의 운행속도에 대한 것은 크게 평균속도와 표정속도로 나뉘며 열차의 경제 운전 방법은 타성에 의해서 가는 것이다.

$\boxed{1}$ 평균속도 $= \dfrac{주행거리}{주행시간}$

$\boxed{2}$ 표정속도 $= \dfrac{주행거리}{주행시간 + 정차시간}$

$v = \dfrac{(n-1)L}{(n-2)t + T}$

여기서, n : 정거장수
  L : 정거장 간격
  t : 정차시간
  T : 주행시간

표정속도를 높이는 방법은 다음과 같다.

- 정차시간을 짧게 한다.
- 주행시간을 짧게 한다.
- 가속도·감속도를 크게 한다.

열차의 저항

열차가 기동할 때 또는 주행할 때 열차 진행 방향과 반대 방향으로 저항력 작용하며 이때의 저항을 열차저항이라 한다.

1 출발저항

열차가 정지에서 출발할 때 발생되는 저항

2 주행저항

열차의 주행 중 발생하는 저항으로 공기저항, 기계적 마찰 등

3 구배저항

오르막길 오를 때 저항, 경사저항

$R_g = 1{,}000\,W \cdot \tan\theta\,[\text{kg}]$

여기서, W : 하중[ton]
$\tan\theta$: 기울기[‰]

4 곡선저항

원심력에 의해 바퀴와 레일과의 사이에 마찰이 증가하여 회전수 차에 의한 미끄럼 현상에 따른 마찰 저항

$$R_c = \frac{600 \sim 800}{r}\,[\text{kg/ton}]$$

여기서, r : 곡선 반지름[m]

5 가속저항

열차 가속 시에 발생되는 저항

① 전동차 : $R_a = 31a\,W\,[\text{kg}]$

② 객차 : $R_a = 30a\,W\,[\text{kg}]$

여기서, a : 가속도[km/h/sec]
W : 하중[ton]

최대 견인력

견인력은 차량에 전기가 공급되면 주전동기에서 발생된 토크가 동륜에 전달되어 나타나는 힘을 나타내

며, 최대견인력은 다음과 같다.

$$F = 1,000\,\mu W [\text{kg}]$$

여기서, W : 동륜상의 무게[ton]
μ : 점착계수

전차용 주전동기

전기철도의 전차용 주전동기는 직류 직권전동기와 3상 유도전동기가 사용되며 다음과 같다.

1 주 전동기 요구 조건

주 전동기에 요구되는 조건은 다음과 같다.

① 기동 토크가 클 것(직류 직권전동기, 교류 단상 정류자 전동기)

② 올라가는 구배에서 과부하되지 않고 토크 저하가 적을 것

③ 병렬 운전이 가능하고 전동기 상호 불평형은 적을 것

④ 단자 전압이 변화하여도 전류의 변화가 적을 것

2 주 전동기의 종류

① 직류 : 직류 직권 전동기(D.C : 1,500[V])

$$T \propto I^2 \propto \frac{1}{N^2}$$

토크는 부하전류의 제곱에 비례하고 회전수의 제곱에 반비례
속도는 부하전류에 반비례

② 교류 : 3상 유도전동기(A.C : 25,000[V])
및 기동 특성 개선을 위하여 인버터를 이용한 제어
(VVVF : VVVF : Variable Voltage Variable Frequency)
가변전압 가변주파수 제어

3 주 전동기 용량

전동차 주 전동기의 출력 P는 다음과 같다.

$P = F \times V \times \dfrac{1,000}{3,600} [\text{kg} \cdot \text{m/s}]$

여기서, F : 열차의 견인력[kg]
V : 열차의 운전속도[km/h]

1[HP]=75[kg·m/s]이므로

전동기의 출력을 [HP]로 환산하면

$$P = F \times V \times \frac{1,000}{3,600} \times \frac{1}{75} = \frac{FV}{270} \text{[HP]}$$

다시 출력을 [kW]로 환산하면

$$P = \frac{FV}{367} \text{[kW]} \quad \text{(여기서 } F \text{ : 견인력[kg]}, \quad V \text{ : 속도[km/h])}$$

4 속도제어 $n = K'\dfrac{V - I_a R_a}{\phi}$ (K' : 기계정수)

전동기의 속도 제어법은 다음과 같다.

먼저, 전동기의 속도 식은 $n = k\dfrac{V - I_a R_a}{\phi}$ 이므로

① 저항제어법

전기자회로에 직렬로 저항을 넣어 $R_a + R$에서 R를 조정하여 속도를 조정하는 방법으로 효율이 저하되는 단점이 있어 많이 사용하지는 않는다.

② 계자제어법

계자속 ϕ를 조정하는 방식으로 계자전류를 가감하는 방법으로 계자저항을 조정하면 계자전류의 증감이 발생하여 속도제어하는 방식으로 비교적 광범위한 속도제어기 이루어지지만 정류가 불량이므로 주로 정출력제어로 사용한다.

③ 전압제어법

전동기의 공급전압 V를 조정하여 속도 조정하는 방식으로 효율이 가장 좋으며 연속적이고 광범위한 속도제어가 가능하며 워드 레오나드 방식과 일그너 방식이 있다.

- 워드 레오나드 방식 : 소형부하(엘리베이터), 관성이 적은 시스템

- 일그너 방식 : 대형부하나 부하 변동이 심한 장소의 속도 제어에 주로 사용
  플라이휠 효과 이용(관성모멘트가 크다)
  제철, 제강, 압연 등에 사용

④ 직·병렬제어
  - 전압제어의 일종
  - 정격이 같은 2배수의 전동기를 직·병렬로 접속
  - 제어효율이 증가, 소비전력감소

⑤ 초퍼(Chopper)제어
  - 고전압 대용량 차량
  - 초퍼(직류 ↔ 직류)이용

⑥ 메타다인제어법
- 직류 정전류 제어법

5 전동기의 제동법

① 발전제동

전동기의 전기자를 전원에서 끊고 전동기를 발전기로 동작시켜 회전 운동에너지로 발생하는 전력을 그 단자에 접속한 저항에서 열로 소비시키는 제동방법이다.

② 회생제동

전동기를 발전기로 동작시켜 그 유도기전력을 전원 전압보다 크게 함으로써 전력을 전원에 되돌려 보내면서 제동시키는 경제적인 제동방법이다.

③ 역전제동

전동기를 전원에 접속한 채로 전기자의 접속을 반대로 바꾸거나 3상의 경우 3선 중 2선의 접속을 변경하여 회전 방향과 반대의 토크를 발생시켜, 갑자기 정지 또는 역전시키는 제동방법이다.

보안장치

전기철도에서의 보안장치는 다음과 같다.

1 폐색방식

열차의 충돌을 방지하기 위하여 선로의 일정 구간에는 한 대의 열차밖에 들어올 수 없게 하는 방식

2 임피던스 본드

레일을 직류 전차선 전류의 귀로로 사용할 때에는 폐색구간의 경계를 귀로전류가 흐르게 하여야 되는데 이와 같은 목적을 이루기 위하여 각 구간의 경계를 연결

임피던스본드

본드의 종류

본드는 레일과 레일 사이에 접속하는 것으로 다음과 같은 종류가 있다.

1 레일 본드
레일과 레일 사이의 접속

2 크로스 본드
좌우 레일의 전압 분포를 균일하게 연결

이론 요약

1. 전기철도 용어 정의

① 궤간 : 레일과 레일 사이의 거리(표준궤간 : 1,435[mm])

② 유간 : 온도 변화에 대응하기 위하여 레일의 이음 부분에 약간의 간격을 두는 것

③ 고도(cant) : 곡선부에서 열차의 탈선을 방지하기 위하여 외측 레일을 내측 레일보다 약간 높게 시설하는 것

$$h = \frac{GV^2}{127R}[\text{mm}] \quad 여기서,\ G : 궤간$$

④ 확도(slack) : 궤간을 넓히는 정도 $S = \frac{l^2}{8R}[\text{mm}]$

⑤ 구배 : 선로의 구배는 1,000분율[‰]로 나타낸 값

⑥ 궤도의 3요소 : 레일, 침목, 도상
- 레일 : 차량을 지탱
- 침목 : 차량 하중을 분산
- 도상 : 소음 경감, 배수를 원활

2. 전기철도시설

방법	목적
흡상 변압기	전자유도 경감
스코트 결선	전압 불평형 방지
변전소 간격 축소	전압 강하 방지

- 직류식 전기철도의 단점
  - 직교류 변환장치 필요
  - 사고 시 차단이 어려움

3. 전차의 집전장치

* 팬터그래프
  - 우리나라에서 사용 중인 집전장치
  - 고전압 대용량용
  - 습동판 압력 : 5~11[kg]

4. 열차의 저항

① 출발저항 : 열차가 정지에서 출발할 때 발생되는 저항

② 주행저항 : 열차의 주행 중 발생하는 저항으로 공기저항, 기계적 마찰 등

③ 구배저항 : 오르막길 오를 때 저항, 경사저항

$$R_g = 1,000\,W \cdot \tan\theta\,[\text{kg}] \quad 여기서,\ W : 하중[\text{ton}],\ \tan\theta : 기울기\,[‰]$$

④ 곡선저항 : 원심력에 의해 바퀴와 레일과의 사이에 마찰이 증가하여 회전수 차에 의한 미끄럼 현상에 따른 마찰 저항

⑤ 가속저항 : 열차 가속 시에 발생되는 저항
- 전동차 : $R_a = 31a\,W$ [kg]
- 객차 : $R_a = 30a\,W$ [kg]   여기서, a : 가속도[km/h/sec], W : 하중[ton]

5. 최대 견인력

$F = 1,000\,\mu\,W$ [kg]   여기서, W : 동륜상의 무게[ton], μ : 점착계수

6. 전기 부식

① 지중에 매설된 금속이 누설전류의 전기 분해 작용에 의해 부식되는 현상

② 전기 부식 방지 대책
- 전기철도 측 대책
  - 변전소 간 간격 축소(전압강하 방지가 주목적)
  - 레일본드의 양호한 시공
  - 장대레일채택
  - 절연도상 및 레일과 침목사이에 절연층의 설치
- 매설금속체 측의 대책
  - 배류장치 설치
  - 절연코팅
  - 매설금속체 접속부 절연
  - 저준위 금속체를 접속
  - 궤도와의 이격 거리 증대
  - 금속판 등의 도체로 차폐

CHAPTER 04 필수 기출문제

꼭! 나오는 문제만 간추린

01 전기 철도에서 궤도(track)의 3요소가 아닌 것은?
① 레일
② 침목
③ 도상
④ 구배

해설 궤도구성의 3요소
- 레일 : 차량을 지탱
- 침목 : 차량 하중을 분산
- 도상 : 소음 경감, 배수를 원활

【답】④

02 직류식 전기철도와 관련된 설명으로 옳지 않은 것은?
① 통신유도 장해가 발생한다.
② 전기설비가 간단하다.
③ 지상 설비비가 비교적 많이 든다.
④ 전차선로 및 기기의 절연 계급을 낮출 수 있다.

해설 직류식 전기철도
(1) 장점
 ① 견인 특성이 우수한 직류 직권 전동기를 그대로 이용할 수 있어 전기차 설비가 간단
 ② 전압이 낮으므로 전차 선로나 기기의 절연이 쉽다.
 ③ 터널이나 교량 등에서 절연 이격 거리를 짧게 할 수 있다.
 ④ 활선 작업을 하기가 쉽다.
 ⑤ 통신 선로에 유도 장해가 작다.
 ⑥ 신호 궤도 회로에 교류 방식을 사용할 수 있다.
(2) 단점
 ① 부하 전류가 크기 때문에 전압 강하가 크게 되어 변전소 간격이 짧아진다.
 ② 누설 전류에 의한 전기 부식 대책이 필요하다.

【답】①

03 궤간 G[mm], 반지름 R[m]의 곡선궤도를 V[km/h] 속력으로 전차를 주행할 때의 고도(cant)[mm]는?

① $\dfrac{GV}{102R}$
② $\dfrac{GV^2}{102R}$
③ $\dfrac{GV}{127R}$
④ $\dfrac{GV^2}{127R}$

해설 고도(cant) $h = \dfrac{GV^2}{127R}$[mm]
여기서, G : 궤간[mm], V : 열차 속도[km/h], R : 곡선 반지름[m]

【답】④

04 열차가 반지름 1,000[m]의 곡선 궤도를 시속 50[km/h]를 주행할 때 고도[mm]는 얼마인가? (단, 궤간은 1,000[mm]이다)

① 17.5 ② 19.7
③ 21.5 ④ 32

해설 고도(Cant) : 운전의 안정성을 확보하기 위하여 곡선 시 안쪽 레일보다 바깥쪽 레일을 조금 높게 하는 것

$$h = \frac{GV^2}{127R}[\text{mm}] = \frac{1,000 \times 50^2}{127 \times 1,000} = 19.68[\text{mm}]$$

여기시, G : 궤간[mm] R : 곡선 반지름[m] V : 열차 속도[km/h]   【답】②

05 ★★★★★
곡선부에서 원심력 때문에 차체가 외측으로 넘어지려는 것을 막기 위하여 외측 레일을 약간 높여 준다. 이 내외 레일 높이의 차를 무엇이라고 하는가?

① 가이드 레일 ② 슬랙
③ 고도 ④ 확도

해설 고도(Cant) : 곡선부에서 열차의 탈선을 방지하기 위하여 외측 레일을 내측 레일보다 약간 높게 시설하는 것, 운전의 안전을 확보하기 위하여   【답】③

06 ★★★★★
열차가 곡선 궤도를 운행할 때 차륜의 플랜지와 레일 사이의 측면 마찰을 피하기 위하여 내측 레일의 궤간을 넓히는 것은?

① 고도 ② 유간
③ 확도 ④ 철차각

해설 확도(slack) : 곡선 궤도에서 열차의 원활한 통과를 위해 궤간을 넓혀준 정도   【답】③

07 온도의 변화로 인한 레일의 신축에 대응하기 위한 것은?

① 궤간 ② 유간
③ 곡선 ④ 확도

해설 유간 : 온도 변화에 대응하기 위하여 레일의 이음 부분에 약간의 간격을 두는 것   【답】②

08 다음 설명 중 리드레일(Lead rail)에 적당한 것은?

① 열차가 대피궤도로 도입되는 레일
② 전철기와 철차와의 사이를 연결하는 곡선 레일
③ 직선부에서 곡선부로 변화하는 부분의 레일
④ 직선부에서 경사부로 변화하는 부분의 레일

해설 분기개소
• 리드레일(lead rail, 도입레일) : 첨단레일과 철차 사이를 연결한 원곡선 레일   【답】②

09 전기철도에서 선단궤조를 좌우로 이동시켜 기본레일에 밀착 또는 분리시키는 전환장치는 무엇인가?

① 전철기 ② 철차
③ 호륜궤조 ④ 도입궤조

해설
- 전철기(첨단궤조) : 차륜을 궤도에서 다른 궤도로 유도하는 장치
- 도입궤조(lead rail) : 첨단궤조와 철차(crossing)를 연결하는 원곡선의 궤조
- 호륜궤조(guard rail, 가드레일) : 차륜의 탈선을 막기 위하여 분기반대편에 설치한 레일

【답】①

10 완화 곡선(transition curve)이라 함은?
① 단선에서 복선으로 변경하는 부분에 있다.
② 직선 궤도에서 곡선 궤도로 이동하는 곳에 있다.
③ 곡선 궤도의 반지름이 작은 것을 말한다.
④ 반향 곡선의 일부분이다.

해설
- 종곡선 : 수평궤도에서 경사궤도를 변화하는 부분
- 완화곡선 : 직선궤도에서 곡선궤도로 이용하는 곳

【답】②

11 종곡선(vertical curve)은?
① 곡선이 변화하는 부분을 말한다.
② 수평 궤도에서 경사 궤도로 변화하는 부분
③ 직선 궤도에서 곡선 궤도로 변화하는 부분
④ 곡선이 심히 변화하는 부분

해설
- 종곡선 : 수평궤도에서 경사궤도를 변화하는 부분
- 완화곡선 : 직선궤도에서 곡선궤도로 이용하는 곳

【답】②

12 50[t]의 전차가 20[‰]의 경사를 올라가는 데 필요한 견인력[kg]은? 단, 열차 저항은 무시한다.
① 100　　② 150　　③ 1,000　　④ 1,500

해설 구배저항(오르막길을 오를 때 저항) : 경사저항
$F = W \cdot \tan\theta [kg]$ 여기서, W : 하중 [ton], $\tan\theta$: 기울기 [‰]
견인력 $F = W \cdot \tan\theta = 50 \times 1,000 \times \dfrac{20}{1,000} = 1,000 [kg]$

【답】③

13 ★★★★★
열차의 자중이 100[t]이고 동륜상이 70[t]인 기관차의 최대 견인력[kg]은? 단, 레일의 점착계수는 0.20이다.
① 14,000　　② 15,000
③ 18,000　　④ 20,000

해설 최대 견인력 $F_m = 1,000 \mu W [kg]$ 여기서, μ는 점착 계수, W는 동륜상의 무게[ton]
$F_m = 1,000 \mu W = 1,000 \times 0.2 \times 70 = 14,000 [kg]$

【답】①

14 우리나라 전기철도에 주로 사용하는 집전장치는?
① 트롤리봉　　② 집전화
③ 팬터그래프　　④ 뷔겔

해설 전기 집전장치
- 팬터그래프(Pantograph collector) : 대형고속전차, 우리나라
　　　　　　　습동판 압력 : 5~11[kg]

【답】③

15 전기철도의 전기차량용으로 교류 전동기를 사용할 때 장점으로 틀린 것은?

① 제한된 공간에서 소형 · 경량으로 할 수 있고, 대출력화가 가능하다.
② 브러시 및 정류자가 있어서, 구조가 간단하고 제작 및 유지보수가 간단하다.
③ 속도제어 범위가 넓기 때문에 고속운전에 적합하다.
④ 인버터 제어방식으로 주 회로를 무접점화 할 수 있다.

해설
- 제한된 공간에서 소형 · 경량으로 할 수 있고, 대출력화가 가능하다.
- 속도제어 범위가 넓기 때문에 고속운전에 적합하다.
- 인버터 제어방식으로 주 회로를 무접점화 할 수 있다.
- 브러시 및 정류자가 있어서, **구조가 복잡하고 제작 및 유지보수가 어렵게 된다.** 【답】②

16 전차용 전동기에 보극을 설치하는 이유는?

① 역회전 방지 ② 정류 개선
③ 섬락 방지   ④ 불꽃 방지

해설 보극은 정류개선용이나 전차용 전동기에서는 주로 역회전 방지에 사용된다. 【답】①

17 단상 전철에서 3상 전원의 평형을 위한 방법은?

① T결선으로 변압기를 접속한다.   ② 각 구간의 열차를 균등하게 배치한다.
③ 발전기의 전압 변동률을 작게 한다. ④ 열차의 차량을 적게 접속한다.

해설 전기철도에 사용
- **전압 불평형 방지 : 스코트 결선(T결선)**
- 유도장해 방지법 : 흡상변압기(BT : Booster Transformer) 【답】①

18 열차저항의 분류에 들어가지 않는 것은?

① 복선저항 ② 주행저항
③ 가속저항 ④ 곡선저항

해설 열차저항 : 열차가 기동할 때 또는 주행할 때 열차 진행 방향과 반대 방향으로 저항력이 작용
- 출발저항
- 주행저항
- 구배저항(오르막길 오를 때 저항) : 경사저항
- 곡선저항
- 가속저항 【답】①

19 전기철도의 직류전압 제어 방식 중 GTO 사이리스터 스위칭 소자의 ON/OFF를 빠른 속도로 반복하여 전동기에 걸리는 평균전압을 조정하여 제어하는 방식은?

① 직병렬 제어 ② 초퍼 제어
③ 저항 제어   ④ 계자 제어

해설 초퍼제어 : 전류의 ON-OFF를 반복하는 것을 통해 직류 또는 교류의 전원으로부터 실효가로서 임의의 전압이나 전류를 만들어 내는 전원 회로의 제어 방식. 주로 전동차용 주전동기의 제어에 이용 【답】②

20 표정속도의 정의는? 단, L : 정거장 간격, t : 정차 시간, n : 정거장 수, T : 전 주행시간이다.

① $\dfrac{L}{(t+T)}$
② $\dfrac{nL}{(nt+T)}$
③ $\dfrac{(n-1)L}{(nt+T)}$
④ $\dfrac{(n-1)L}{(n-2)t+T}$

해설 표정속도 $= \dfrac{\text{이동거리}}{\text{운전시간}+\text{정차시간}} = \dfrac{(n-1)L}{(n-2)t+T}$

【답】④

21 단상 교류식 전기철도에서 전압 불평형을 경감하는 데에 쓰이는 것은?
① 흡상 변압기
② 단권변압기
③ 크로스 결선
④ 스코트 결선

해설 전기철도에 사용
- **전압 불평형 방지** : 스코트 결선(T결선)
- 유도장해 방지법 : 흡상변압기(BT : Booster Transformer)

【답】④

22 흡상 변압기의 설치 목적은?
① 낙뢰방지
② 전압강하의 방지
③ 통신선의 유도장해 경감
④ 수은등의 점등

해설 전기철도에 사용
- 전압 불평형 방지 : 스코트 결선(T결선)
- **통신 유도장해 방지법** : **흡상변압기**(BT : Booster Transformer)

【답】③

23 전철에서 전기부식 방지를 위한 시설로 적당치 않은 것은?
① 레일에 본드를 실시한다.
② 변전소 간격을 좁힌다.
③ 도상의 배수가 잘 되게 한다.
④ 귀선을 부극성으로 한다.

해설 (KEC 461.4조) 전기 부식 방지 – 전기철도측 대책
① 변전소 간격 축소
② 레일본드의 양호한 시공
③ 장대레일채택
④ 절연도상 및 레일과 침목사이의 절연

【답】③

24 전기철도의 매설관 측에서 시설하는 전기부식 방지 방법은?
① 임피던스 본드 설치
② 보조귀선 설치
③ 이선율 유지
④ 강제배류법 사용

해설 (KEC 461.4조) 전기 부식 방지 – 매설관 측 대책
① **배류장치 설치**
② 절연코팅
③ 매설금속체 접속부 절연
④ 저준위 금속체를 접속
⑤ 궤도와의 이격거리 증대
⑥ 금속판 등의 도체로 차폐

【답】④

CHAPTER 05 전기화학

전기분해(electrolysis, 電氣分解)·전지(電池)·축전지의 용량·충전방식·축전지 고장원인과 현상·기타 전기분해·전지에서의 발생 현상

전기분해(electrolysis, 電氣分解)

전기분해는 전류에 의해 전해질이 화학변화를 일으키는 것으로 물질을 물에 용해시켜 전기분해시키는 방법과 물질을 가열하여 액체 상태로 만들어 전기분해하는 방법이 있다. 여기서, 전해질은 용액속에서 양극과 음극으로 분리되는 물질을 말한다.

1 물의 전기분해

수소와 산소가 반응하여 물이 만들어지면 이 물은 자발적으로 수소와 산소로 되지 못한다. 그러나 전기에너지를 가해서 반응을 일으키면 물을 분해할 수 있으며 물은 도전율이 극히 낮아 수산화나트륨(NaOH)을 이용하여 도전율을 높이며 이때 (+)극은 산화반응으로 산소를 얻을 수 있고 (−)극에서는 환원반응이 일어나 수소를 얻을 수 있다.

2 패러데이의(Faraday)의 법칙(전기분해의 법칙)

패러데이의 법칙은 전기분해에 의해 전극에 석출되는 석출량은 통과한 전기량에 비례하며 같은 양의 전극에서 석출된 물질의 양은 그 물질의 화학당량에 비례하며 다음과 같이 나타낼 수 있다.

$$W = KQ = KIt\,[\text{g}]$$

여기서, W : 석출량[g]

$$K : 전기화학당량 = \frac{화학당량}{96,500}\,[\text{g/C}]$$

전기화학당량은 1[A] 전류가 1초 동안 흘렀을 때에 전극에 석출되는 원소의 질량을 말하며 여기서, 화학당량은 다음의 식으로 나타낸다.

$$화학당량 = \frac{원자량}{원자가}\,[\text{g}]$$

③ 소금물의 전기분해

염화나트륨(NaCl) 수용액에 전극을 넣고 전압을 걸어주면 (+)극에서는 염소이온(Cl^-)이 산화되고, (−)극에서는 나트륨이온(Na^+) 대신에 물이 환원된다. (−)극의 Na^+ 외에도 K^+, Ca_2^+, Mg_2^+, Al_3^+ 등의 양이온은 물보다 이온화 경향이 커서 물보다 환원되기가 어렵다.

여기서, 이온화는 금속이 액체와 접촉 시에 양이온으로 되는 경향을 나타내며 이온화 경향이 큰 순서는 다음과 같다.

> Li 〉 K 〉 Ba 〉 Na〉 Mg 〉 Al 〉 Mn 〉 Cr 〉 Fe 〉 Co 〉 Ni 등

전지(電池)

전지는 기전력을 발생하는 장치로서 1차 전지와 2차 전지로 구분되며 1차 전지는 주로건전지(dry cell)은 한번 사용하면 재사용할 수 없는 전지이며 2차 전지는 주로 축전지(Battery)라고 하며 충전하여 다시 사용할 수 있는 전지를 말한다.

1 1차 전지(건전지, Dry cell)

1차 전지는 주로건전지(dry cell)은 한번 사용하면 재사용할 수 없는 전지이며 망간건전지, 공기전지, 수은전지 등이 있으며 그 특징은 각각 다음과 같다.

전지의 명칭은 주로 감극제에 따라 결정되며 감극제는 전지에서 분극 작용에 의한 전압 강하를 방지하기 위하여 사용한다.

① 망간건전지

망간건전지는 르클랑셰 건전지 또는 보통 건전지라고 하며 특성은 다음과 같나.
- 감극제 : 이산화망간(MnO_2)
- 음극 활성 물질 : 아연(Zn)
- 전해액 : 염화암모늄(NH_4Cl)
- 사용처 : 휴대용 라디오, 손전등, 완구, 시계 등

② 공기(空氣)전지

공기(空氣)전지의 특성은 다음과 같다.
- 음극 : 염화암모늄(NH_4Cl)
- 감극제 : 산소(O_2)
- 공기전지의 특징
  - 전압 변동률과 자체방전이 작고 오래 저장할 수 있으며 가볍다.
  - 방전용량이 크고 처음전압은 망간전지에 비하여 약간 낮다.

③ 수은 전지

수은 전지는 특성은 다음과 같다.
- 전해액 : 수산화칼륨(KOH)
- 감극제 : 산화수은(HgO)

- 음극 : 아연(Zn)
- 수은전지의 특징
  - 기전력 1.3[V]로 전압의 안정성이 좋다.
  - 전압강하가 적고 방전용량이 크다.
  - 광범위한 온도에서 사용이 가능하다.
- 용도 : 보청기, 휴대용 카메라, 휴대용 소형라디오, 휴대용 계산기

④ 표준전지

표준전지는 전압표준기로서 주로 카드뮴(웨스턴) 전지가 사용된다.
- 양극 : 수은(Hg)
- 음극 : 카드뮴(Cd)
- 감극제 : 황산수은(Hg_2SO_4)

⑤ 물리전지

물리전지는 반도체의 pn접합면에 태양 광선이나 방사선을 조사해서 기전력을 얻는 방식의 전지이며 종류는 다음과 같다.
- 태양전지 : 반도체의 pn 접합을 이용하여 광기전력효과에 의해 태양광 에너지를 직접 전기에너지로 전환하는 전지
- 원자력 전지 : 반도체의 pn접합면에 방사선을 조사해서 기전력을 얻는 방식의 전지

2 2차 전지

2차 전지는 주로 축전지(Battery)라고 하며 충전하여 다시 사용할 수 있는 전지이며 연축전지, 알칼리 축전지 등이 있으며 그 특징은 각각 다음과 같다.

① 연축전지

연축전지의 특성은 다음과 같다.
- 양극(+) : PbO_2
- 음극(−) : Pb
- 전해액 : H_2SO_4(묽은 황산)
  전해액의 비중 : 1.2~1.3
- 연축전지 화학 반응식

$$PbO_2 + 2H_2SO_4 + Pb \underset{충전}{\overset{방전}{\rightleftarrows}} PbSO_4 + 2H_2O + PbSO_4$$

- 공칭용량 : 10[Ah]
- 공칭전압 : 2.0[V/cell]
- 연축전지의 특징
  - 알칼리 축전지에 비해 충전용량이 크고 셀(cell)당 공칭전압이 높다.
  - 효율이 우수하다.
- 연축전지의 종류

$\begin{cases} \text{CS형 : 완 방전형(일반 설치용)} \\ \text{HS형 : 급 방전형(고율 방전용)} \end{cases}$

② 알칼리 축전지

알칼리 축전지의 특성은 다음과 같다.

- 양극 : $Ni(OH)_3$(산화니켈)

- 음극 : 에디슨 : Fe
  - 융그너 : Cd

- 공칭용량 : 5[Ah]

- 공칭전압 : 1.2[V/cell]

- 알칼리 축전지의 특징
  - 수명이 길고 운반진동에 강하다.
  - 급격한 충·방전에 잘 견딘다.
  - 다소 용량이 감소하여도 못쓰게 되지 않음
  - 연축전지에 비해 충전용량이 작고 공칭전압이 낮다.
  - 가격이 비싸다.

- 알칼리 축전지의 종류

$\begin{cases} \text{포켓식} \begin{cases} \text{AL형} & \text{: 완 방전형(일반 설치용)} \\ \text{AM형} & \text{: 표준형(표준 방전용)} \\ \text{AMH형} & \text{: 급 방전형(준고율 방전용)} \\ \text{AH-P형} & \text{: 초급 방전형(고율 방전용)} \end{cases} \\ \text{소결식} \begin{cases} \text{AH-S형} & \text{: 초급 방전형(고율 방전용)} \\ \text{AHH형} & \text{: 초초급 방전형(초고율 방전용)} \end{cases} \end{cases}$

축전지의 용량

축전지의 용량은 다음의 식으로 구할 수 있다.

$$C = \frac{1}{L} KI \ [\text{Ah}]$$

여기서, C : 축전지 용량[Ah]
  L : 보수율(경년용량 저하율)
  K : 용량 환산 시간 계수
  I : 방전 전류[A]

충전방식

축전지의 충전방식 중 부동충전 방식이 가장 많이 사용되며 다음과 같은 충전 방식이 있다.

1 초기충전
전지에 전해액을 넣지 않은 미충전 축전지에 전해액을 주입하여 충전하는 방식

2 보통충전
필요한 경우 표준 시간율로 소정의 충전을 시행

3 급속충전
비교적 단시간에 보통충전 전류의 2~3배의 전류로 충전

4 부동충전
축전지의 자기 방전을 보충하는 동시에 상용 부하에 대한 전력공급은 충전기가 부담하고 충전기가 부담하기 어려운 일시적인 대부하 전류는 축전지가 부담하도록 하는 방식

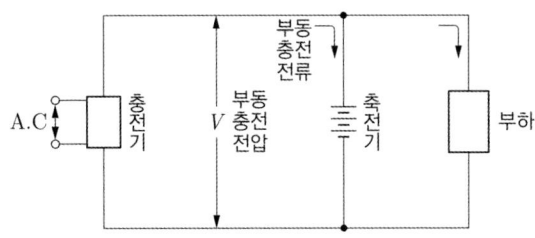

$$충전기\ 2차\ 전류[A] = \frac{축전지\ 용량[Ah]}{정격\ 방전율[h]} + \frac{상시\ 부하\ 용량[VA]}{표준전압[V]}$$

5 세류충전
자기 방전 량만 항상 충전하는 방식

6 균등충전
각 전해조에 일어나는 전위차를 보정하기 위해 1~3개월 마다 1회 정전압으로 10~12시간 충전하는 방식

기타 전기분해

1 전기도금
전기분해에 의하여 음극에 금속을 석출시키는 것으로 양극에 구리막대, 음극에 은막대를 두고 전기를 가하면 은막대에 구리색을 띠는 현상을 말한다.

2 전기주조(전주)
전기도금을 계속하여 두꺼운 금속 층을 만든 후 원형을 떼어서 그대로 복제하는 방법으로 원형과 똑같은 모양의 복제품을 만들며 공예품의 복제, 활자, 인쇄용 원판 등에 사용된다.

3 전해정련

전기분해를 이용하여 순수한 금속만을 음극에서 석출, 정제하는 방법으로 구리(전기동)가 가장 많고 주석, 금, 은, 니켈, 안티몬 등을 만드는 방법이다.

4 전기영동

기체나 액체 속에 미립자를 넣고 전압을 가하면 입자가 양극을 향하여 이동하는 현상으로 전착도장, 염색 등에 사용된다.

5 전해 연마

금속을 양극으로 한 후 적당한 전해액 중에서 단시간 전류를 통하면 금속표면의 돌기 부분만이 먼저 분해되어 매끈한 표면이 생성되는 것으로 식기, 장신구, 펜촉, 터빈의 날개, 화학기계 등의 제작에 사용된다.

6 전해 채취

광석에 함유되어있는 금속을 산 등으로 용해시키는 전해액으로 사용하여 캐소드에 순수한 금속을 전착시키는 방법이다.

7 전해 침투

액을 다공질의 격막으로 나누고 그 양측에 직류 전압을 인가하여 격막을 통해서 액체 는 한쪽으로 이동하여 수위는 높아진다. 전해 콘덴서 제조용, 재생고무의 제조, 점토의 전기적 정제 등에 사용된다.

전지에서의 발생 현상

1 분극작용

분극작용은 전지를 방전하면 음극에서 발생된 수소가스가 음극에 부착되어 음극과 용액과의 접촉면이 감소하여 전지의 내부 저항이 증가되어 반대 방향으로 기전력이 발생하는 현상으로 부하를 걸면 단자전압이 감소하는 현상이다.

분극작용을 방지하기 위하여 감극제를 사용한다.

2 국부작용

전극에 사용하고 있는 아연판의 불순물과 아연이 국부 전지로 구성되어 단락 전류를 흘리기 때문에 자기방전이 발생하는 현상이다.

방지법으로 순수한 아연판을 사용, 또는 아연판에 수은 도금을 하여 불순물을 제거한다.

이론 요약

1. 페러데이의(Faraday)의 법칙(전기분해의 법칙)
① 석출량은 통과한 전기량에 비례
② 같은 량의 전극에서 석출된 물질의 양은 그 물질의 화학당량에 비례
③ 석출량 : $W = KQ = KIt[g]$
④ 물의 전기 분해 : (+)극은 산소, (-)극은 수소
※ 수산화나트륨 첨가 : 물의 도전율을 높이기 위해

2. 1차 전지(일단 방전하면 재사용할 수 없는 전지)
① 망간 건전지 : 르크랑세 전지(망간전지), 보통 건전지, 전해액 : NH_4Cl(염화암모늄)
② 공기 건전지
  • 전압 변동률과 자체 방전이 작고 오래 저장할 수 있으며 가볍다.
  • 방전용량이 크고 처음전압은 망간전지에 비하여 약간 낮다.
③ 표준 전지 : 웨스턴 카드뮴 전지, 클라크 전지
④ 수은 전지
  • 전압강하가 적고 방전용량이 크다.
  • 용도 : 보청기, 휴대용카메라, 휴대용 소형라디오, 휴대용 계산기
  • 수은전지 음극에서의 반응식 : $Zn + 2OH^- \rightarrow ZnO + H_2O + 2e^-$
⑤ 물리 전지 : 반도체 PN 접합면에 태양 광선을 조사해서 기전력을 얻는 방식
  • 태양 전지
  • 원자력 전지
  • 열 전지

3. 2차 전지(방전 후 외부전원으로 충전하면 다시 사용할 수 있는 전지)
① 연축전지

$$\underset{\text{양극}}{PbO_2} + \underset{\text{전해액}}{2H_2SO_4} + \underset{\text{음극}}{Pb} \underset{\text{방전}}{\overset{\text{충전}}{\rightleftarrows}} \underset{\text{양극}}{PbSO_4} + \underset{\text{부산물}}{2H_2O} + \underset{\text{음극}}{PbSO_4}$$

  • 공칭용량 : 10[Ah]
  • 공칭전압 : 2.0[V/cell]
② 알칼리 축전지
  • 양극 : $Ni(OH)_3$(산화니켈)
  • 음극 : 에디슨 - Fe, 융그너 - Cd
  • 전해액 : 수산화칼륨(KOH)
  • 공칭용량 : 5[Ah]
  • 공칭전압 : 1.2[V/cell]

- 특징

장점	단점
• 수명이 길다 • 충격, 진동에 강하다. • 급속한 충방전에 견디고 다소 용량이 감소하여도 사용 가능	• 가격이 비싸다. • 연축전지에 비해 기전력이 낮다. • 충전완료 시기 판별이 곤란

※ 알칼리 축전지의 종류

포케식 { AL형 : 완 방전형(일반 설치용)
　　　　 AM형 : 표준형(표준 방전용)
　　　　 AMH형 : 급 방전형(준고율 방전용)
　　　　 AH−P형 : 초급 방전형(고율 방전용)
소결식 { AH−S형 : 초급 방전형(고율 방전용)
　　　　 AHH형 : 초초급 방전형(초고율 방전용)

4. 충전 방식

① 보통 충전 : 필요한 경우 표준시간율로 소정의 충전을 시행
② 급속 충전 : 비교적 단시간에 보통충전 전류의 2~3배의 전류로 충전
③ 부동 충전 : 축전지의 자기 방전을 보충하는 동시에 상용 부하에 대한 전력공급은 충전기가 부담하고, 충전기가 부담하기 어려운 일시적인 대부하 전류는 축전지가 부담하도록 하는 방식
④ 세류 충전 : 자기 방전량만 항상 충전하는 방식
⑤ 균등 충전 : 각 전해조에 일어나는 전위차를 보정하기 위해 1~3개월 마다 1회 정전압으로 10~12시간 충전하는 방식

5. 기타 전기분해

① 전기 도금
　전기 분해에 의하여 음극에 금속을 석출시키는 것으로 양극에 구리막대, 음극에 은막대를 두고 전기를 가하면 은막대에 구리색을 띠는 현상
② 전해 정련(전해 정제)
　전기분해를 이용하여 순수한 금속만을 음극에서 석출, 정제하는 방법으로 구리(전기동)가 가장 많고 주석, 금, 은, 니켈, 안티몬 등을 만드는 방법
③ 전기 영동
　기체나 액체 속에 미립자를 넣고 전압을 가하면 입자가 양극을 향하여 이동하는 현상으로 전착 도장, 염색 등에 사용된다.
④ 전해 채취
　광석에 함유되어있는 금속을 산 등으로 용해시키는 전해액으로 사용하여 캐소드에 순수한 금속을 전착시키는 방법이다.
⑤ 전해연마 : 금속표면의 돌기 부분만이 분해되어 매끈한 표면이 생성되는 것, 식기, 장신구, 펜촉, 터빈의 날개 등의 제작에 사용

6. 전지에서의 발생 현상

① 분극작용
- 전지를 방전하면 전극에 석출된 물질이 다시 이온으로 용해되거나 전해액 농도의 감소 등에 따라 반대방향으로 기전력이 발생하는 현상으로, 부하를 걸면 단자전압이 감소하는 현상
- 분극작용을 방지하기 위하여 감극제를 사용

② 국부 작용
- 아연음극 또는 전해액 중에 불순물이 섞이면 아연이 부분적으로 용해되어 국부 방전이 생기며 수명이 감소
- 국부작용 방지법 : 수은(Hg)도금, 고순도의 전극 및 전해액의 불순물을 억제

③ 황산화 작용
- 극판이 휘게 되고, 내부 저항이 증가하여 용량이 감퇴
- 극판에 황산납이 발생

7. 이온화 경향(금속이 액체와 접촉 시에 양이온으로 되는 경향)

이온화 경향이 큰 순서 : Li 〉 K 〉 Ba 〉 Na 〉 Mg 〉 Al 〉 Mn 〉 Cr 〉 Fe 〉 Co 〉 Ni

CHAPTER 05 필수 기출문제

꼭! 나오는 문제만 간추린

01 전기분해에 의하여 전극에 석출되는 물질의 양은 전해액을 통과하는 총 전기량에 비례하고 또 그 물질의 화학당량에 비례하는 법칙은?

① 암페어(Ampere)의 법칙
② 패러데이(Faraday)의 법칙
③ 톰슨(Thomson)의 법칙
④ 줄(Joule)의 법칙

해설 패러데이(Faraday)의 법칙(전기분해의 법칙)
- 석출량은 통과한 전기량에 비례한다.
- 같은 양의 전극에서 석출된 물질의 양은 그 물질의 화학당량에 비례한다.

【답】②

02 ★★★★★ 전기분해에서 패러데이의 법칙은 어느 것이 적합한가? 단, Q[C] : 통과한 전기량, W[g] : 석출된 물질의 양, E[V] : 전압을 각각 나타낸다.

① $W = K\dfrac{Q}{E}$
② $W = \dfrac{1}{R}Q = \dfrac{1}{R}$
③ $W = KQ = KIt$
④ $W = KEt$

해설 패러데이(Faraday)의 법칙(전기분해의 법칙)
① 석출량은 통과한 전기량에 비례한다.
② 같은 양의 전극에서 석출된 물질의 양은 그 물질의 화학당량에 비례한다.
③ 석출량 : $W = KQ = KIt$ [g]

【답】③

03 동의 원자량은 63.54이고 원자가가 2라면 화학당량은?

① 21.85
② 31.77
③ 41.85
④ 52.65

해설 화학당량 $= \dfrac{\text{원자량}}{\text{원자가}} = \dfrac{63.54}{2} = 31.77$

【답】②

04 구리의 원자량은 63.54, 원자가 2일 때 전기화학당량은?

① 0.03292[mg/C]
② 0.3292[mg/C]
③ 0.3292[g/C]
④ 0.03292[g/C]

해설 화학당량 $= \dfrac{\text{원자량}}{\text{원자가}} = \dfrac{63.54}{2} = 31.77$

전기화학당량 $= \dfrac{\text{화학당량}}{96,500} = \dfrac{31.77}{96,500} = 0.0003292$ [g/C] $= 0.3292$ [mg/C]

【답】②

05 보통건전지에서 분극 작용에 의한 전압 강하를 방지하기 위하여 사용되는 감극제는?

① H_2O ② H_2SO_4
③ MnO_2 ④ $CdSO_4$

해설 감극제
전지에서 분극 작용에 의한 전압 강하를 방지하기 위하여 사용하며 보통(망간)건전지에서의 감극제는 MnO_2(이산화망간)이다.
따라서 보통건전지를 망간 건전지라고 한다. 【답】③

06 ★★★★★ 자체 방전이 작고 오래 저장할 수 있으며, 사용 중에 전압 변동률이 비교적 작은 것은?

① 보통 건전지 ② 공기 건전지
③ 내한 건전지 ④ 적층 건전지

해설 공기건전지
- 전압 변동률과 자체 방전이 작고 오래 저장할 수 있으며 가볍다.
- 방전용량이 크고 처음 전압은 망간전지에 비하여 약간 낮다. 【답】②

07 공기 건전지(A)와 이산화망간 건전지(B)의 특성을 비교할 때, 옳지 않은 것은?

① (A)는 (B)보다 자체방전이 적다.
② 똑같은 크기의 두 건전지를 비교하면 (A)가 가볍다.
③ 방전하는 용량은 (A)가 (B)보다 크다.
④ 처음의 전압은 (A)가 (B)보다 약간 높다.

해설 공기건전지 : 방전용량이 크고 처음 전압은 망간전지에 비하여 약간 낮다. 【답】④

08 표준 전지로서 현재에 사용되고 있는 것은?

① 다니엘 전지 ② 클라크 전지
③ 카드뮴 전지 ④ 태양열 전지

해설 표준 전지
- 종류 : 웨스턴 카드뮴 전지(현재 주로 사용)
- 양극 : Hg(수은)
- 음극 : Cd(카드뮴)
- 감극제 : Hg_2SO_4(황산수은) 【답】③

09 ★★★★★ 태양 광선이나 방사선을 조사(照射)해서 기전력을 얻는 전지를 태양 전지, 원자력 전지라고 하는데, 이것은 다음 어느 부류의 전지에 속하는가?

① 1차 전지 ② 2차 전지
③ 연료 전지 ④ 물리 전지

해설 물리전지
반도체 pn 접합면에 태양 광선이나 방사선을 조사해서 기전력을 얻는 방식
- 태양전지
- 원자력 전지
- 열전지 【답】④

10 2차 전지에 속하는 것은?

① 적층 전지 ② 내한 전지
③ 공기 전지 ④ 자동차용 전지

해설 전지의 종류
- 1차 전지 : 한 번 사용 후 재충전이 불가능한 전지
- 2차 전지 : 충전용 전지(축전지), 연축전지, 알칼리 축전지(니켈카드뮴 전지), 자동차용 전지 등

【답】 ④

11 ★★★★★ 연축전지에 대한 설명 중 틀린 것은?

① 주요 구성성분은 극판, 격리판, 전해액, 케이스로 이루어져 있다.
② 전해액은 비중이 1.2 ~ 1.3인 묽은 황산이다.
③ 양극은 이산화납을 극판에 입힌 것이고, 음극은 해면 모양의 납이다.
④ 공칭전압은 1.2[V]이다.

해설

	연축전지	알칼리 축전지
충전용량	10[Ah]	5[Ah]
공칭전압	2.0[V/cell]	1.2[V/cell]
장점	효율이 우수하며 단시간에 대전류 공급이 가능하다	수명이 길고, 운반진동에 강하며 급충·방전에 잘 견딘다.

【답】 ④

12 연축전지의 충전 후의 비중은?

① 1.18 이하 ② 1.2~1.3
③ 1.4~1.5 ④ 1.5 이상

해설 연축전지의 충전 후의 비중 : 1.2~1.3

【답】 ②

13 연축전지의 방전이 끝나면 그 양극(+극)은 어느 물질로 되는지 다음에서 적당한 것을 고르면?

① Pb ② PbO
③ PbO_2 ④ $PbSO_4$

해설 연축전지의 반응식

$$PbO_2 + 2H_2SO_4 + Pb \underset{충전}{\overset{방전}{\rightleftarrows}} PbSO_4 + 2H_2O + PbSO_4$$
양극 전해액 음극   양극 부산물 음극

【답】 ④

14 다음 식은 연축전지의 기본 화학 반응식이다. 방전 후 생성되는 부산물을 □안에 채우면?

$$Pb + 2H_2SO_4 + PbO_2 \rightleftarrows 2PbSO_4 + \boxed{}$$

① $2H_2O$ ② HO
③ $2H_2O_2$ ④ $2HO_2$

해설 연축전지의 부산물 : $2H_2O$

【답】 ①

15 알칼리 축전지의 공칭용량은 얼마인가?

① 2 [Ah] ② 4 [Ah]
③ 5 [Ah] ④ 10 [Ah]

해설

	연축전지	알칼리 축전지
충전용량	10[Ah]	5[Ah]
공칭전압	2.0[V/cell]	1.2[V/cell]

【답】③

16 ★★★★★ 알칼리 축전지의 양극에 쓰이는 것은?

① 납 ② 철
③ 카드뮴 ④ 산화니켈

해설 알칼리 축전지
- 양극 : $Ni(OH)_3$ (산화니켈)
- 음극 : Fe(에디슨), Cd(융그너)

【답】④

17 알칼리(융그너) 축전지의 음극으로 사용할 수 있는 것은?

① 카드뮴 ② 아연
③ 마그네슘 ④ 납

해설 알칼리 축전지
- 양극 : $Ni(OH)_3$ (산화니켈)
- 음극 : 에디슨 : Fe, 융그너 : Cd

【답】①

18 ★★★★★ 최근 알칼리 축전지의 사용이 증가되고 있는데 그 중요 장점의 하나는?

① 효율이 좋다. ② 수명이 길다.
③ 양극은 PbO_2를 쓴다. ④ 무겁다.

해설 알칼리 축전지
수명이 길고 운반진동에 강하며 급격한 충·방전에 견디고 다소 용량이 감소하여도 못쓰게 되지 않음

【답】②

19 ★★★★★ 연축전지의 공칭전압 및 공칭용량으로 알맞은 것은?

① 연축전지의 공칭전압 및 공칭용량은 2.0[V], 5시간율[Ah]
② 연축전지의 공칭전압 및 공칭용량은 2.0[V], 6시간율[Ah]
③ 연축전지의 공칭전압 및 공칭용량은 2.0[V], 10시간율[Ah]
④ 연축전지의 공칭전압 및 공칭용량은 1.32[V], 10시간율[Ah]

해설 연축전지
- 용량 : 10[Ah]
- 공칭전압 : 2.0[V/cell]

【답】③

20 초급 방전형(고율 방전용) 축전지는?

① AMH형 ② AHH형
③ AL형 ④ AH·S형

해설 알칼리 축전지
- 포켓식
  - AL형 : 완방전형(일반 설치용)
  - AM형 : 표준형(표준 방전용)
  - AMH : 급 방전형(준고율 방전용)
  - AH−P형 : 초급 방전형(고율 방전용)
- 소결식
  - **AH−S형 : 초급 방전형(고율 방전용)**
  - AHH형 : 초초급 방전형(초고율 방전용)

【답】④

21 충분히 방전했을 때 양극판의 빛깔은 무슨 색인가?
① 황색　　② 청색
③ 적갈색　④ 회백색

해설 충분히 방전했을 때 양극판의 빛깔 : 회백색

【답】④

22 알칼리 축전지에서 소결식에 해당하는 초급 방전형의 형은?
① AM형　　② AMH형
③ AL형　　④ AH·S형

해설 알칼리 축전지
소결식
- **AH−S형 : 초급 방전형(고율 방전용)**
- AHH형 : 초초급 방전형(초고율 방전용)

【답】④

23 알칼리 축전지에서 포켓식 형식이 아닌 것은?
① AL형　　② AMH형
③ AM형　　④ AHH형

해설
- 연축전지
  - CS형 : 완 방전형(일반 설치용)
  - HS형 : 급 방전형(고율 방전용)
- 알칼리 축전지
  - 포켓식
    - AL형　　: 완 방전형(일반 설치용)
    - AM형　　: 표준형(표준 방전용)
    - AMH형　: 급 방전형(준고율 방전용)
    - AH−P형 : 초급 방전형(고율 방전용)
  - 소결식
    - AH−S형　: 초급 방전형(고율 방전용)
    - AHH형　 : 초초급 방전형(초고율 방전용)

【답】④

24 금속 중 이온화 경향이 큰 물질은?
① Fe　　② Zn
③ K　　 ④ Na

해설 이온화 경향이 가장 큰 물질은 칼륨(K)이다.

【답】③

25 화학전지에서 두 개의 전극 중 이온화 경향이 큰 전극은 어떤 화학적 반응을 나타내는가?

① 전자를 받아들이려는 경향이 발생한다.   ② 산화반응이 크다.
③ 환원반응이 크다.   ④ 이온화경향과 무관하다.

해설
- 이온화(수소보다 반응성이 큰 원소들은 산성과 반응해 수소 기체를 발생) 경향
- 이온화 경향이 큰 것은 산화반응이 크다.   【답】②

26 축전지의 충진 방식 중 선지의 자기 방전을 보충함과 동시에 상용 부하에 대한 전력 공급은 충전지가 부담하도록 하되, 충전지가 부담하기 어려운 일시적인 대전류 부하는 축전지로 하여금 부담케 하는 충전 방식은?

① 보통충전   ② 과부하충전
③ 세류충전   ④ 부동충전

해설
충전방식
- 보통충전 : 필요한 경우 표준 시간율로 소정의 충전을 시행
- 급속충전 : 비교적 단시간에 보통충전 전류의 2~3배의 전류로 충전
- **부동충전** : 축전지의 자기 방전을 보충하는 동시에 상용 부하에 대한 전력공급은 충전기가 부담하고 충전기가 부담하기 어려운 일시적인 대부하 전류는 축전지가 부담하도록 하는 방식
- 세류충전 : 자기 방전량만 항상 충전하는 방식
- 균등충전 : 각 전해조에 일어나는 전위차를 보정하기 위해 1~3개월 마다 1회 정전 압으로 10~12시간 충전하는 방식   【답】④

27 전지에서 자체 방전 현상이 일어나는 것은 다음 중 어느 것과 가장 관련이 있는가?

① 전해액 농도   ② 전해액 온도
③ 이온화 경향   ④ 불순물

해설
국부 작용
전극에 사용하고 있는 아연판의 불순물과 아연이 국부 전지를 만들어 단락 전류를 흘리기 때문에 자기방전하여 수명이 감소하는 현상   【답】④

28 전지의 국부작용을 방지하는 방법은?

① 완전 밀폐   ② 감극제 사용
③ 니켈 도금   ④ 수은 도금

해설
국부 작용 방지법 : 순수한 아연판을 사용, 수은도금   【답】④

29 전기 화학 반응을 실제로 일으키기 위해 필요한 전극 전위에서 그 반응의 평형 전위를 뺀 값을 과전압이라고 한다. 과전압의 원인으로 틀린 것은?

① 농도 분극   ② 화학 분극
③ 전류 분극   ④ 활성화 분극

해설
- 농도 과전압 : 전류가 통과할 때 전극 표면 부근에 있는 반응 생성물의 활동도(또는 농도)가 변화해서 이것을 보충하는 데에 과잉 전압이 요구되는 것
- 저항 과전압 : 전극에 저항물질이 생성되었을 때 이것을 극복해서 반응이 일어나기 위해 필요한 과전압

문제에서 과전압의 원인은 농도, 화학, 활성화에 따른 분극이 된다.   【답】③

30 축전지를 사용할 때 극판이 휘고, 내부 저항이 대단히 커져서 용량이 감퇴되는 원인은?
① 전지의 황산화
② 과도방전
③ 전해액의 농도
④ 감극작용

해설 황산화(설페이션 현상) : 극판이 휘게 되고, 내부 저항이 증가
극판에 황산납이 발생

【답】①

31 ★★★★★ 전기분해를 이용하여 순수한 금속만을 음극에 석출하여 정제하는 것을 무엇이라 하는가?
① 전착
② 전해연마
③ 전해정련
④ 전식

해설 전해정련
- 전기분해를 이용하여 순수한 금속만을 음극에서 석출, 정제하는 방법
- 구리가 가장 많고 주석, 금, 은, 니켈, 안티몬 등

【답】③

32 전해 정련 방법에 의하여 얻어지는 것은?
① 구리
② 철
③ 납
④ 망간

해설 전해정련
전기분해를 이용하여 순수한 금속만을 석출하여 정제하는 것
구리, 주석, 니켈, 안티몬 등

【답】①

33 ★★★★★ 황산 용액에 양극으로 구리 막대, 음극으로 은막대를 두고 전기를 통하면 은막대는 구리색이 난다. 이를 무엇이라고 하는가?
① 전기도금
② 이온화 현상
③ 전기분해
④ 분극 작용

해설 전기도금 : 황산 용액에 양극으로 구리 막대, 음극으로 은막대를 두고 전기를 통하면 은막대가 구리색을 띠는 것

【답】①

34 ★★★★★ 금속을 양극으로 하고 음극은 불용성의 탄소 전극을 사용하여 전기분해하면 금속 표면의 돌기 부분이 다른 표면 부분에 비해 선택적으로 용해되어 평활하게 되는 것을 무엇이라 하는가?
① 전기 도금
② 전주
③ 전해 연마
④ 전해 정련

해설 전해연마
- 금속을 양극으로 한 후 적당한 전해액 중에서 단시간 전류를 통하면 금속 표면의 돌기 부분만이 먼저 분해되어 매끈한 표면이 생성
- 식기, 장신구, 펜촉, 터빈의 날개, 화학기계 등에 적용

【답】③

35 식염수를 전기분해할 때 음극에서 발생하는 가스는?
① 황산
② 산소
③ 염산
④ 수소

해설 식염수 전기 분해

05 전기화학 | 133

- 양극 : 염소
- 음극 : 수소 및 수산화나트륨 발생

【답】 ④

36 ★★★★★ 물을 전기분해 할 때 도전율을 높이기 위해 첨가하는 용액은?
① 가성소다와 가성칼리
② 가성소다와 황산
③ 가성칼리와 황산
④ 가성칼리와 인산나트륨

해설 물을 전기 분해할 때 가성 소다와 가성 칼리를 20[%]정도 첨가하는 이유 : 물은 도전율이 낮기 때문에 도선율을 높이기 위해

【답】 ①

37 전기분해로 제조되는 것은?
① 석화질소
② 카바이드
③ 알루미늄
④ 철

해설 전기분해
주로 산을 사용하여 금속만을 녹여서 전기분해하여 금속을 석출하여 알루미늄 제조

【답】 ③

CHAPTER 06 전력용 반도체

전력용 다이오드·광전효과와 광기전력 효과·특수 반도체·전력용 반도체·전력용 트랜지스터(Transistor)·FET(Field-effect transistor)·IGBT(Insulated gate bipolar transistor)·반도체 소자의 정리·다이오드를 이용한 정류기·정류회로 정리·전력변환장치

전력용 다이오드

1 다이오드(Diode)

다이오드는 단일방향(애노드에서 캐소드 방향)으로만 전류가 흐를 수 있는 소자로서 정류작용을 위하여 사용한다.

① 순방향 바이어스

순방향 바이어스는 애노드에 (+)를 캐소드에 (-)를 인가한 것으로, 다이오드가 도통된다. 이때의 특성은 다음과 같다.

여기서, cut-in voltage는 순방향에서 전류가 현저히 증가하기 시작하는 전압을 말한다.

- 전위 장벽이 낮아진다.
- 공간 전하 영역의 폭이 좁아진다.
- 전장이 약해진다(이온화 감소).

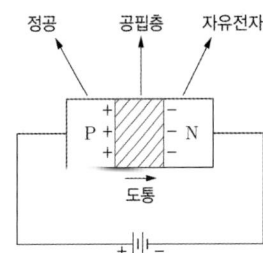

② 역 바이어스 된 경우

순방향 바이어스는 애노드에 (-)를 캐소드에 (+)를 인가한 것으로, 다이오드가 도통되지 않는다. 이때의 특성은 다음과 같다.

- 전위 장벽이 높아진다.
- 공간 전하 영역의 폭이 넓어진다.
- 전장이 강해진다.

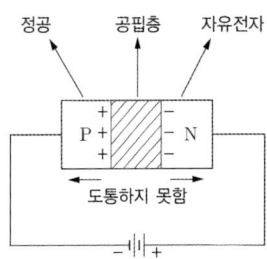

2 제너 다이오드(Zener diode)

제너 다이오드는 전원 전압을 안정하게 유지하기 위한 다이오드로 정전압 정류작용을 하며 직렬로 연결하면 과전압으로부터 보호하며 병렬로 연결하면 과전류로부터 보호하게 된다.

3 가변 용량 다이오드

가변 용량 다이오드는 바렉터 다이오드라 한다.

4 발광다이오드(LED)

발광다이오드는 순방향의 전압을 인가하면 빛을 발하는 다이오드이다.

5 터널 다이오드

터널 다이오드의 용도는 다음과 같다.
① 발진 작용
② 스위치 작용
③ 증폭 작용

광전효과와 광기전력 효과

광전 효과는 반도체에 광(光)이 조사되면 전기 저항이 감소되는 현상으로 Se, Cds 같은 물질 들이 해당되며 광기전력 효과는 반도체에 광(光)이 조사되면 기전력이 발생되는 현상이며 Si, Ga와 같은 물질들이 사용된다.

특수 반도체

1 서미스터(thermistor)
① 온도 보상용으로 사용한다.
② 온도 계수는 (-)를 갖고 있다.

2 배리스터(Varistor)
① 전압에 따라 저항치가 변화하는 비직선 저항체이다.
② 서지(Surge)전압에 대한 회로 보호용으로 사용한다.

전력용 반도체

1 사이리스터(thyristor)
① SCR(Silicon Controlled Rectifier)

SCR은 사이리스터의 대표적인 소자이며 역저지 3극 사이리스터로서 다음과 같은 특징을 가진다. 전원공급 방법은 애노드⊕, 캐소드⊖, 게이트⊕로 인가한다.

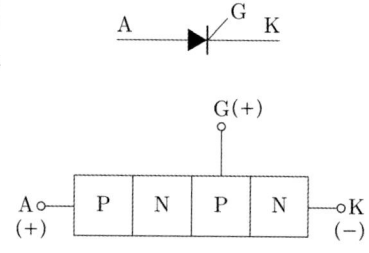

〈SCR(Silicon Controlled Rectifier)의 특징〉
- 효율이 높고 고속 동작이 용이
- 소형이고 고전압 대전류에 적합한 대전력 정류기
- PNPN 구조
- 싸이러트론과 기능 비슷
- ON → OFF : 전원전압(애노드)을 음(-)으로 한다.
- turn on 상태 : 게이트 전류에 의함
- 브레이크 오버 전압: 제어 정류기의 게이트가 도전 상태로 들어가는 전압
- 래칭전류 : SCR이 ON되기 위해 애노드에서 캐소드로 흘려야 할 최소전류
- 유지전류 : SCR이 ON된 후에도 ON상태를 유지하기 위한 최소전류로서 래칭전류 보다 작다.
- 주파수, 위상, 전압제어용

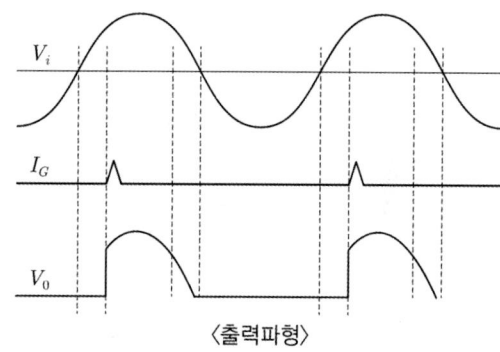

〈출력파형〉

② GTO(Gate Turn-off Thyristor)

GTO(Gate Turn-off Thyristor)는 역저지 3극 사이리스터로서 게이트에 흐르는 전류를 점호할 때의 전류와 반대 방향의 전류를 흐르게 함으로써 소호가 가능하므로 자기소호 기능이 있는 사이리스터이다.

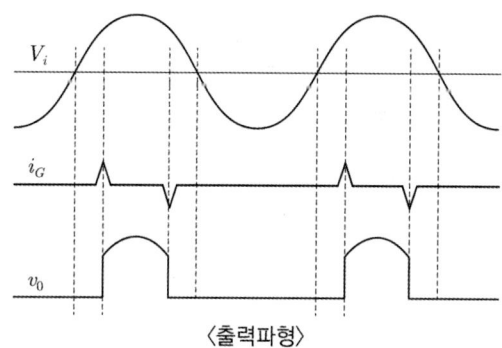

〈출력파형〉

③ LASCR(Light-Activated Semiconductor Controlled Rectifier)

LASCR(Light-activated semiconductor controlled rectifier)은 역저지 3극 사이리스터로 광(光)을 조사하면 점호되는 사이리스터이다.

④ SCS(Silicon Controlled Switch)

SCS(Silicon Controlled Switch)는 단방향 4단자 소자로서 게이트 전극이 2개인 구조로 되어 있으며 쌍방향으로 대칭적인 부성저항 영역이 있다.

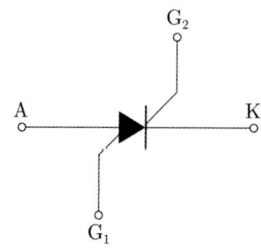

⑤ SSS(Silicon Symmetrical Switch)

SSS(Silicon Symmetrical Switch)는 쌍방향 2단자 소자로서 주로 트리거 소자로 이용된다.

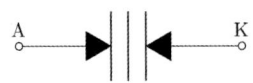

⑥ TRIAC(Triode switch for AC)

TRIAC(Triode switch for AC)은 양방향 3단자 소자로서 SCR 역빙릴 구조를 가지며 교류 전력 제어용으로 사용되며 과전압에 의해 파괴되지 않는 특성이 있다.

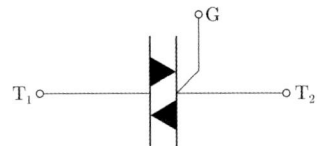

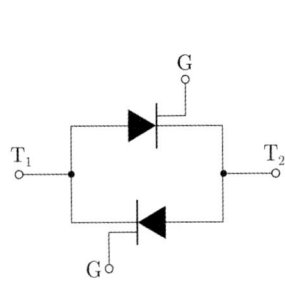

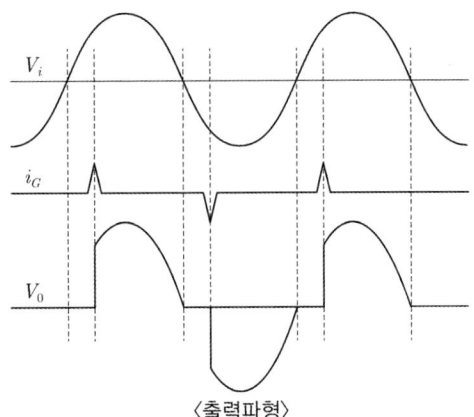

〈출력파형〉

⑦ DIAC(Diode AC switch)

DIAC(Diode AC switch)은 양방향 2단자 소자로서 소용량 저항 부하의 교류 전력제어용으로 사용되며 쌍방향으로 대칭적인 부성저항 영역이 있으며 npn 3층 구조를 가진다.

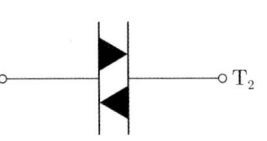

⑧ PUT(Programmable Uni-junction Transistor)

PUT(Programmable Uni-junction Transistor)는 N-게이트 사이리스터의 대표적인 소자이다.

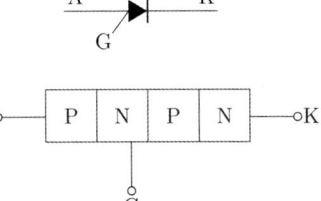

전력용 트랜지스터(Transistor)

전력용 트랜지스터는 주로 증폭용으로 사용되며 다음과 같은 특징이 있다.

1 전력용 트랜지스터의 특징

① 트랜지스터는 그 구성에 따라 npn과 pnp형의 두 가지가 있다.

② 전압-전류 특성은 베이스 전류의 크기에 따라 달라진다.
③ 도통 상태를 유지하기 위해서는 계속 베이스 전류를 흐르게 하고 있어야 한다.

2 NPN 트랜지스터

베이스를 기준으로
컬렉터 전위 : 정전위
이미터 전위 : 부전위

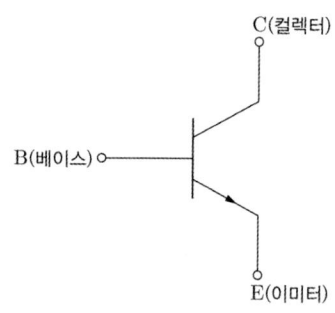

3 PNP 트랜지스터

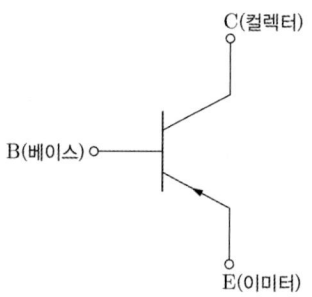

FET(Field-effect transistor)

FET(Field-Effect Transistor)는 전계효과 트랜지스터로 Gate, Drain, Source로 구성된다. FET의 특징은 다음과 같다.
- 단극성 소자
- 제조기술에 따라 MOS형과 접합형
- 게이트에 역전압을 인가하여 드레인 전류를 제어하는 전압제어 소자

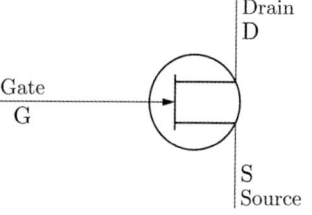

IGBT(Insulated gate bipolar transistor)

IGBT(Insulated Gate Bipolar Transistor)는 MOSFET와 Transistor가 결합된 것으로 고속 스위칭 소자로 사용된다.

반도체 소자의 정리

1 단자별

- 2단자 : DIAC, SSS

- 3단자 : SCR, GTO, LASCR, TRIAC
- 4단자 : SCS

② **방향별**
- 단방향 : SCR, GTO, LASCR, SCS
- 양방향 : DIAC, SSS, TRIAC

다이오드를 이용한 정류기

① **단상 반파 정류**

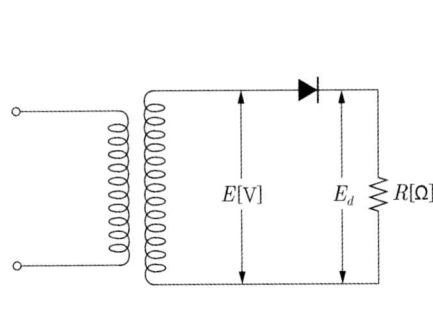
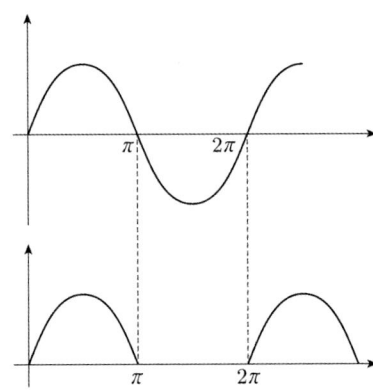

① 직류측 전압 $E_d = \dfrac{\sqrt{2}}{\pi}E = 0.45E$

② 전압강하가 있는 경우의 직류측 전압 $E_d = \dfrac{\sqrt{2}}{\pi}E - e = 0.45E - e$

여기서, e는 전압강하

③ 직류 전류 $I_d = \dfrac{E_d}{R} = \dfrac{\dfrac{\sqrt{2}}{\pi}E}{R} = 0.45\dfrac{E}{R} = 0.45I$

④ 최대 역전압

최대 역전압은 역방향 반주기 동안 전원 전압이 다이오드에 인가되는 전압의 최대값으로 다음과 같다.

$PIV = \sqrt{2}E = \sqrt{2}\dfrac{\pi}{\sqrt{2}}E_d = \pi E_d$

② 단상 전파정류

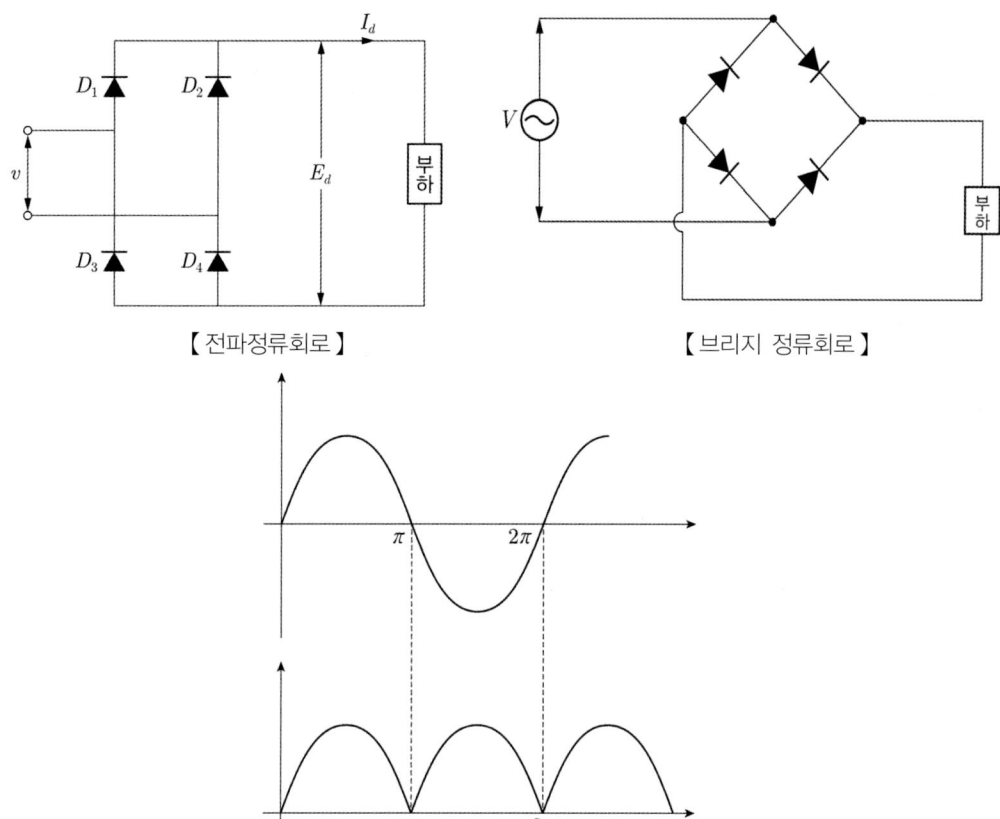

【전파정류회로】　　　　【브리지 정류회로】

① 직류측 전압 $E_d = \dfrac{2\sqrt{2}}{\pi}E = 0.9E$

② 전압강하가 있는 경우의 직류측 전압 $E_d = \dfrac{2\sqrt{2}}{\pi}E - e = 0.9E - e$

　여기서, e는 전압강하

③ 직류 전류 $I_d = \dfrac{E_d}{R} = \dfrac{\dfrac{2\sqrt{2}}{\pi}E}{R} = 0.9\dfrac{E}{R} = 0.9I$

④ 최대 역전압 $PIV = 2\sqrt{2}\,E = 2\sqrt{2}\,\dfrac{\pi}{2\sqrt{2}}E_d = \pi E_d$

정류회로 정리

정류회로를 정리하면 다음과 같다.
여기서, E_d : 직류값[V]
　　　　E : 교류값(실효값)[V]

구분	단상 반파	단상 전파	3상 반파	3상 전파
직류전압	$E_d = 0.45E$	$E_d = 0.9E$	$E_d = 1.17E$	$E_d = 1.35E$
정류효율	40.6[%]	81.2[%]	96.5[%]	99.8[%]
맥 동 률	121[%]	48[%]	17[%]	4[%]

전력변환장치

전력변환장치는 다음과 같다.

1 정류기(컨버터)
교류를 직류로 변환

2 인버터(Inverter)
- 직류를 교류로 변환
- 펄스폭 변조(PWM : Pulse Width Modulation)방식이 주로 사용

3 사이클로 컨버터
교류를 가변주파수의 교류로 변환

4 초퍼(chopper)
직류를 직류로 변환

이론 요약

1. 사이리스터

① 단자별
- 2단자 : DIAC, SSS
- 3단자 : SCR, GTO, LASCR, TRIAC
- 4단자 : SCS

② 방향별
- 단방향 : SCR, GTO, LASCR, SCS
- 양방향 : DIAC, SSS, TRIAC

2. SCR(Silicon Controlled Rectifier) : 실리콘 제어 정류기

① 실리콘 정류 소자 역저지형 3단자 실리콘 사이리스터(PNPN구조)
② 소형이고 고전압 대전류에 적합한 대전력 정류기
③ 동작 최고온도가 가장 높다(200[℃])
④ 정류기능의 단일 방향성 3단자 소자
⑤ ON → OFF : 전원전압(애노드)을 음(-)으로 한다.
⑥ 위상 제어(0 ~ 180°), 인버터, 초퍼 등에 사용
⑦ 단점 : 과전압에 약하다.

3. 기타 소자

① 광전효과 : 반도체에 빛이 가해지면 도전율이 증가하는 현상
  광기전력 효과 : 반도체에 빛이 가해지면 기전력이 발생되는 현상
② 서미스터 : 부(-)의 온도 계수, 강자성체 사용
③ CdS(황화카드뮴) : 광전 변환 소자
④ 바리스터 : 과전압에 대한 회로 보호용으로 사용, 서지(Surge) 대책
⑤ TRIAC : 교류 제어용(SCR의 역병렬 구조)
⑥ GTO : 자기소호기능
⑦ FET : 핀치오프전압(채널 폭이 막힌 때의 게이트의 역방향 전압)

4. 정류회로 정리

구분	단상 반파	단상 전파	3상 반파	3상 전파
직류전압	$E_d = 0.45E$	$E_d = 0.9E$	$E_d = 1.17E$	$E_d = 1.35E$
정류효율	40.6[%]	81.2[%]	96.5[%]	99.8[%]
맥동률	121[%]	48[%]	17[%]	4[%]

※ 다이오드 : 정류용(직렬 : 과전압방지, 병렬: 과전류 방지)

※ 트리거 회로 : DIAC, UJT, PUT 사용동제어

CHAPTER 06 필수 기출문제

01 pn 접합형 Diode는 어떤 작용을 하는가?
① 발진 작용
② 증폭 작용
③ 정류 작용
④ 교류 작용

해설 다이오드(Diode)
- pn 접합 다이오드 : 정류작용
- 제너 다이어드 : 전원 전압을 안정하게 유지(정전압 정류작용)

【답】③

02 n형 반도체에 대한 설명으로 옳은 것은?
① 순수 실리콘 내에 전자의 수를 늘리기 위해 Al, B, Ga과 같은 불순물 원자를 첨가한 것
② 순수 실리콘 내에 전자의 수를 늘리기 위해 As, P, Sb과 같은 불순물 원자를 첨가한 것
③ 순수 실리콘 내에 정공의 수를 늘리기 위해 Al, B, Ga과 같은 불순물 원자를 첨가한 것
④ 순수 실리콘 내에 정공의 수를 늘리기 위해 As, P, Sb과 같은 불순물 원자를 첨가한 것

해설
- P형 반도체 : 순도가 높은 4가의 Ge(게르마늄)이나 Si(실리콘)의 결정에 정공의 수를 늘리기 위해 3가의 In(인듐)이나 Ga(갈륨)을 첨가
- N형 반도체 : 순도가 높은 4가의 Ge(게르마늄)이나 Si(실리콘)의 결정에 전자의 수를 늘리기 위해 5가의 P(인)이나 비소(As), 안티몬(Sb)을 첨가

【답】②

03 pn 접합 다이오드에서 cut-in-voltage란?
① 순방향에서 전류가 현저히 증가하기 시작하는 전압이다.
② 순방향에서 전류가 현저히 감소하기 시작하는 전압이다.
③ 역방향에서 전류가 현저히 감소하기 시작하는 전압이다.
④ 역방향에서 전류가 현저히 증가하기 시작하는 전압이다.

해설 pn 접합 다이오드에서 cut-in-voltage
순방향에서 전류가 현저히 증가하기 시작하는 전압

【답】①

04 정전압 기준회로의 기본소자로 많이 사용되는 다이오드는?
① 제너 다이오드
② 터널 다이오드
③ 포토 다이오드
④ 쇼트키 다이오드

해설 제너 다이오드
- 정전압용 소자
- 정(+), 부(-)의 온도 계수
- 인가전압의 크기에 따라 전류 크기는 변화하지만 방향은 변하지 않는다.

【답】①

05 | 소형이면서 대전력용 정류기로 사용하는 것은?

① 게르마늄 정류기　　　② SCR
③ 수은 정류기　　　　　④ 셀렌 정류기

해설 SCR(Silicon Controlled Rectifier)
- 싸이러트론과 기능 비슷
- **소형이면서 대전력용**
- ON → OFF : 전원전압(애노드)을 음(−)으로 한다.
- turn on 상태 : 게이트 전류에 의해서

【답】②

06 | SCR 사이리스터에 대한 설명으로 틀린 것은?

① 게이트 전류에 의하여 턴온 시킬 수 있다.
② 게이트 전류에 의하여 턴오프 시킬 수 없다.
③ 오프 상태에서는 순방향전압과 역방향전압 중 역방향 전압에 대해서만 차단 능력을 가진다.
④ 턴오프 된 후 다시 게이트 전류에 의하여 턴온시킬 수 있는 상태로 회복할 때까지 일정한 시간이 필요하다.

해설 SCR (Silicon Controlled Rectifier)
- 소형이면서 대전력용
  - ON → OFF : 전원전압(애노드)을 음(−)으로 한다.
  - turn on 상태 : 게이트 전류에 의해서
- 위상제어의 최대 조절범위는 0° ~ 180°

【답】③

07 | 다음 반도체 정류기 중 동작 최고 온도가 가장 큰 것은?

① 셀렌　　　　　② 게르마늄
③ 아산화동　　　④ 실리콘

해설 반도체 정류기 동작 최고 온도

구분	아산화동	셀렌	게르마늄	실리콘
최고 온도[℃]	50	85	70	160

【답】④

08 | 게이트(Gate)에 신호를 가해야만 동작되는 소자는?

① DIAC　　　② UJT
③ SCR　　　　④ MPS

해설 SCR(Silicon Controlled Rectifier)
- ON → OFF : 전원전압(애노드)을 음(−)으로 한다.
- **Turn on 상태 : 게이트 전류에 의해서**

【답】③

09 | SCR을 사용할 경우 올바른 전압 공급 방법은?

① 애노드 ⊖ 전압, 캐소드 ⊕ 전압, 게이트 ⊕ 전압
② 애노드 ⊖ 전압, 캐소드 ⊕ 전압, 게이트 ⊖ 전압
③ 애노드 ⊕ 전압, 캐소드 ⊖ 전압, 게이트 ⊕ 전압
④ 애노드 ⊕ 전압, 캐소드 ⊖ 전압, 게이트 ⊖ 전압

해설   SCR을 사용 : 애노드 ⊕ 전압, 캐소드 ⊖ 전압, 게이트 ⊕ 전압

```
       ┌──G──┐
    A ─┤P│N│P│N├─ K
       └─────┘
```

【답】③

10 ★★★★★ SCR의 턴온(Turn on) 시 20[A]의 전류가 흐른다. 게이트 전류를 반으로 줄일 때 SCR의 전류[A]는?
① 5
② 10
③ 20
④ 40

해설   SCR이 도통 상태일 때 게이트 전류가 변하여도 부하전류는 변하지 않는다.

【답】③

11 사이리스터를 이용하여 얻을 수 있는 결과로 틀린 것은?
① 직류 위상 변환
② 직류 전압 변환
③ 주파수 변환
④ 교류 전력 제어

해설   SCR(사이리스터) : 위상제어
직류는 위상이 없으므로 제어 대상이 아니다.

【답】①

12 자기 소호 기능이 가장 좋은 소자는?
① GTO
② SCR
③ TRIAC
④ 역전용 사이리스터

해설   GTO(Gate turn·off Thyristor)
Gate신호를 통하여 소호

【답】①

13 역저지 3극 사이리스터의 통칭은?
① SSS
② SCS
③ LASCR
④ TRIAC

해설   반도체 소자(괄호 안은 극(단자) 수)
• 단방향성 : SCR(3), GTO(3), SCS(4), LASCR(3)
• 양방향성 : SSS(2), TRIAC(3), DIAC(2)
여기서, 역저지 3극 사이리스터의 통칭을 SCR(LASCR)이라고 한다.

【답】③

14 다음 소자 중 쌍방향성 사이리스터가 아닌 것은?
① DIAC
② TRIAC
③ SSS
④ SCR

해설   반도체 소자(괄호 안은 극(단자) 수)
• 단방향성 : SCR(3), GTO(3), SCS(4), LASCR(3)
• 양방향성 : SSS(2), TRIAC(3), DIAC(2)

【답】④

15 다음 중 양방향 2단자 사이리스터는 어느 것인가?

① SCS   ② SSS
③ TRIAC   ④ SCR

해설 사이리스터(가로안은 극(단자) 수)
- **단방향성** : SCR(3), GTO(3), SCS(4), LASCR(3)
- **양방향성** : **SSS(2)**, TRIAC(3), DIAC(2)

【답】②

16 어느 쪽 게이트에서도 게이트 신호를 인가할 수 있고, 역저지 4극 사이리스터로 구성된 것은?

① SCS   ② GTO
③ PUT   ④ DIAC

해설 반도체 소자(괄호 안은 극(단자) 수)
- **단방향성** : SCR(3), GTO(3), **SCS(4)**, LASCR(3)
- **양방향성** : SSS(2), TRIAC(3), DIAC(2)

따라서 역저지 4극 사이리스터는 SCS이다.

【답】①

17 역병렬로 된 2개의 보통 SCR과 유사하므로 양방향성 3단자 사이리스터이다. AC 전력의 제어로 사용하는 것은?

① TRIAC   ② SCS
③ GTO   ④ LASCR

해설 TRIAC : Triode switch for AC
- 쌍방향 3단자 소자
- SCR 역병렬 구조
- 교류 전력 제어

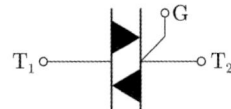

【답】①

18 다음 사이리스터 중 3단자 형식이 아닌 것은?

① SCR   ② GTO
③ DIAC   ④ TRIAC

해설 반도체 소자(괄호 안은 극(단자) 수)
- **단방향성** : **SCR(3), GTO(3)**, SCS(4), **LASCR(3)**
- **양방향성** : SSS(2), TRIAC(3), DIAC(2)

여기서, SCR(3), GTO(3), TRIAC(3)은 3단자 소자이며 DIAC(2)는 2단자 소자이다.

【답】③

19 반도체 사이리스터에 의한 속도제어에서 제어되지 않는 것은?

① 주파수   ② 토크
③ 위상   ④ 전압

해설 사이리스터(thyristor)의 응용
- **위상** 제어에 의해 AC 전력 제어
- AC 전원에서 가변 **주파수**의 AC 변환
- 위상 제어에 의해 제어 **정류**(AC → DC)
- 위상 제어, 정지 스위치, 인버터 초퍼, 타이머 회로, 트리거 회로, 카운터, 과전압 보호 등

【답】②

20 반도체 소자의 종류 중에서 게이트에 의한 턴온(Turn on)을 이용하지 않는 소자는?
① SSS
② SCR
③ GTO
④ SCS

해설 SSS(Silicon Symmetrical Switch)

A ▶│◀ K

SSS(Silicon Symmetrical Switch)는 쌍방향 2단자 소자로서, 주로 트리거 소자로 이용되며 **게이트는 사용하지 않는다**.
【답】①

21 다이액(DIAC)에 대한 설명 중 틀린 것은?
① 과전압 보호회로에 사용되기도 한다.
② 역저지 4극 사이리스터로 되어 있다.
③ 쌍방향으로 대칭적인 부성저항을 나타낸다.
④ 콘덴서 방전전류에 의하여 트라이액을 ON 시킬 수 있다.

해설 DIAC (Diode AC Switch)

T_1 ─▶◀─ T_2

- 쌍방향 2단자 소자
- 소용량 저항 부하의 AC 전력 제어
- NPN 3층으로 되어 있고 쌍방향으로 대칭적인 부성 저항
【답】②

22 반도체에 광이 조사되면 전기 저항이 감소되는 현상은?
① 열진동
② 광전 효과
③ 제벡 효과
④ 홀 효과

해설 광전 효과 : 반도체 결정에 빛을 조사하면 전기 저항이 감소하는 현상
【답】②

23 다음 소자 중 온도를 전압으로 변환시키는 요소는?
① 차동 변압기
② 열전대
③ CdS
④ 광전지

해설 제벡 효과
- 두 종류의 금속의 접합하여 폐회로를 만들고 두 접합점 사이에 온도차를 주면 열기전력이 생겨서 전류가 흐르는 현상
- 열전온도계의 원리
- 온도 → 전압
【답】②

24 서미스터(Thermistor)의 주된 용도는?
① 전압 증폭용
② 출력 전류 조절용
③ 온도 감지용
④ 잡음 제거용

해설
- 서미스터 : 온도보상용
- 배리스터 : 서지에 대한 회로 보호용
【답】③

25 배리스터(Varistor)의 용도는?

① 전압 증폭 ② 정전압
③ 과도 전압에 대한 회로 보호 ④ 전류 특성을 갖는 4단자 반도체 장치에 사용

해설　배리스터 : 서지(Surge)에 대한 회로 보호용으로 사용되는 소자　【답】③

26 UJT보다 발진의 안정도를 높일 수 있는 소자는?

① PUT ② SCR
③ DIAC ④ TRIAC

해설　PUT(Progrmmable Uni-junction transistor) : UJT처럼 작동하는 3단자 4층 사이리스터　【답】①

27 다음 그림은 일반적인 반파 정류 회로이다. 변압기 2차 전압의 실효값을 E[V]라 할 때 직류 전류 평균값은? 단, 정류기의 전압 강하는 무시한다.

① E/R ② $\frac{1}{2}E/R$
③ $\frac{2\sqrt{2}}{\pi}$ ④ $\frac{\sqrt{2}}{\pi}E/R$

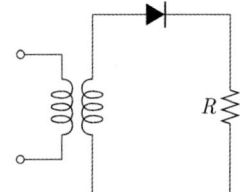

해설　반파정류

$E_d = \frac{\sqrt{2}}{\pi}E = 0.45E$ 에서 직류 평균 전류 $I_d = \frac{E_d}{R} = \frac{\frac{\sqrt{2}}{\pi}E}{R}$　【답】④

28 220[V]의 교류 전압을 전파 정류하여 순저항 부하에 직류 전압을 공급하고 있다. 정류기의 전압 강하가 10[V]로 일정할 때 부하에 걸리는 직류 전압의 평균값은?

① 220[V] ② 198[V]
③ 188[V] ④ 99[V]

해설　전파정류 $E_d = \frac{2\sqrt{2}}{\pi}E = 0.9E$에서 교류측 전압 $E_d = 0.9E - e = 0.9 \times 220 - 10 = 188[V]$　【답】③

29 전원전압이 100[V]인 단상 전파정류제어에서 점호각이 30° 일 때 직류 평균전압은 약 몇 [V]인가?

① 54 ② 64
③ 84 ④ 94

해설　SCR의 위상 제어 - 단상 전파 정류 회로

$E_d = \frac{2\sqrt{2}E}{\pi}\frac{(1+\cos\alpha)}{2} = \frac{\sqrt{2}E}{\pi}(1+\cos\alpha) = 0.45E(1+\cos\alpha)$　여기서, $1+\cos\alpha$: 제어율

$= 0.45 \times 100 \times (1+\cos 30°) = 83.97[V]$　【답】③

30 어떤 정류회로에서 부하양단의 평균전압이 2,000[V]이고 맥동률은 2[%]라 한다. 출력에 포함된 교류분 전압의 크기[V]는?

① 60
② 50
③ 40
④ 30

해설 맥동률 = $\frac{교류분}{직류분} \times 100[\%]$ 에서 교류분 = 직류분 × 맥동률 = 2,000 × 0.02 = 40[V]

【답】③

31 다음 정류 방식 중 맥동률(Ripple factor)이 가장 적은 것은?

① 단상 반파 방식
② 단상 전파 방식
③ 3상 반파 방식
④ 3상 전파 방식

해설 반도체 정류기

구 분	단상반파	단상전파	3상반파	3상전파
직류전압	$E_d = 0.45E$	$E_d = 0.9E$	$E_d = 1.17E$	$E_d = 1.35E$
정류효율	40.6[%]	81.2[%]	96.5[%]	99.8[%]
맥동률	121[%]	48[%]	17[%]	4[%]

【답】④

32 핀치 오프(pinch off) 전압을 설명한 것 중 옳은 것은?

① 드레인(drain) 전류가 0[A]일 때 게이트(gate)와 드레인 사이 전압
② 드레인 전류가 0[A]일 때 드레인과 소스(source) 사이의 전압
③ 드레인 전류가 0[A]일 때 게이트와 소스 사이의 전압
④ 드레인 전류가 흐르고 있을 때 드레인과 소스 사이의 전압

해설 핀치 오프(pinch off)전압
FET에서 게이트 역바이어스 전압을 증가시키면 PN접합을 이루고 있는 게이트와 소스 사이에 공핍층이 넓어져서 결국에는 채널이 막히게 되는 현상을 일으키는 전압(드레인 전류가 0[A]일 때의 게이트와 소스 사이의 전압)

【답】③

33 FET에서 핀치 오프(pinch off)전압이란?

① 채널 폭이 막힌 때의 게이트 역방향 전압
② FET에서 애벌런치 전압
③ 드레인과 소스 사이의 최대 전압
④ 채널 폭이 최대로 되는 게이트의 역방향 전압

해설 핀치오프(pinch off)전압
드레인 전류가 0[A]일때의 게이트와 소스사이의 전압, 채널 폭이 막힌 때의 게이트 역방향 전압

【답】①

34 MOSFET, BJT, GTO의 이점을 조합한 전력용 반도체 소자로서 대전력의 고속 스위칭이 가능한 소자는?

① 게이트 절연 양극성 트랜지스터
② 금속 산화물 반도체 전계효과 트랜지스터
③ 모놀리식 달링톤
④ MOS제어 사이리스터

해설 절연 게이트 양극성 트랜지스터(Insulated gate bipolar transistor, IGBT)
• MOSFET를 게이트부에 넣은 접합형 트랜지스터
• 게이트-이미터간의 전압이 구동되어 입력 신호에 의해서 온/오프가 생기는 자기소호형
• 대전력의 고속 스위칭이 가능한 반도체 소자

• 게이트의 구동전력이 낮다.

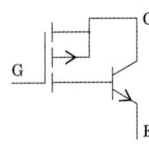
(a) 대체회로

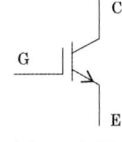
(b) 표시기호

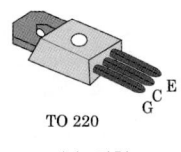
(c) 외형

【답】①

35 전력용 반도체 소자 중 IGBT의 특성으로 틀린 것은?

① 게이트와 에미터 간 입력 임피던스가 매우 높아 BJT보다 구동하기 쉽다.
② 스위칭 속도는 FET와 트랜지스터의 중간 정도로 빠른 편에 속한다.
③ 소스에 대한 게이트의 전압으로 도통과 차단을 제어한다.
④ 게이트 구동전력이 매우 높다.

해설 절연 게이트 양극성 트랜지스터(Insulated gate bipolar transistor, IGBT)
• MOSFET를 게이트부에 넣은 접합형 트랜지스터
• 게이트-이미터 간의 전압이 구동되어 입력 신호에 의해서 온/오프가 생기는 자기소호형
• 대전력의 고속 스위칭이 가능한 반도체 소자
• **게이트의 구동전력이 낮다.**

【답】④

36 인버터에 대한 설명으로 옳은 것은?

① 직류를 더 높은 직류로 변환하는 장치
② 직류전원을 교류전원으로 변환하는 장치
③ 교류전원을 직류전원으로 변환하는 장치
④ 교류전원을 더 낮은 교류전원으로 변환하는 장치

해설
• 교류 → 직류 : 컨버터(정류기)
• **직류 → 교류 : 인버터**
• 교류 → (가변주파수)교류 : 싸이클로 컨버터
• 직류 → 직류 : 쵸퍼

【답】②

37 다음 중 UPS(Uninterruptible Power Supply)의 특징으로 가장 옳지 않은 것은?

① 정류기, 인버터, 축전지 등으로 구성된다.
② 무정전 전원 공급장치이다.
③ 평상시에는 배터리에 상용전원을 공급하지 않는다.
④ 비교적 효율이 낮다.

해설 UPS(무정전 전원 공급장치)
• 정류기, 인버터, 축전지 등으로 구성
• **평상시에도 자연적으로 방전된 부분을 충전해주기 위해 상용전원이 공급**된다.

【답】③

CHAPTER 07 자동제어(전기공사산업기사만)

자동제어시스템 · 제어시스템의 분류 · 라플라스변환 · 블럭선도

자동제어시스템

자동제어시스템(Automatic control system)이란 어떤 주어진 입력에 대하여 우리가 원하는 출력(또는 응답)을 나타내게 하기 위해서 하나하나의 부품이 서로 유기적으로 결합한 집합체가 원하는 목적대로 작업을 수행하는 장치이다.
제어시스템은 다음과 같이 개루프 제어시스템(open loop control system)과 폐루프 제어시스템(closed- loop control system)으로 나눌 수 있다.

1 개루프 제어계(Open loop control system)

개루프 제어시스템은 구조가 간단하고 비용이 적게 들어 실제 생활에 많이 이용되고 있으며, 개루프 제어계의 구조는 그림과 같이 제어기와 제어대상으로 나눌 수 있다.

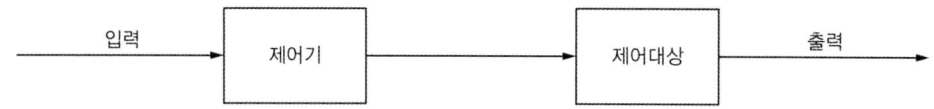

대표적인 개루프 제어방식으로는 순차제어(sequence control)같은 방법이 사용된다.

2 폐루프 제어계(Closed loop control system)

폐루프 제어시스템은 개루프 시스템보다 더 정확한 제어를 하기 위해 제어신호를 궤환시켜 기준입력과 비교함으로서 출력과 입력의 차에 비례하는 동작신호를 시스템으로 보내서 오차를 수정하게 된다. 이러한 궤환 경로를 한 개 또는 그 이상 갖는 제어시스템을 폐루프 제어시스템이라 하며 이를 피드백 제어(feedback control)라고 하며 다음과 같은 특징을 가진다.

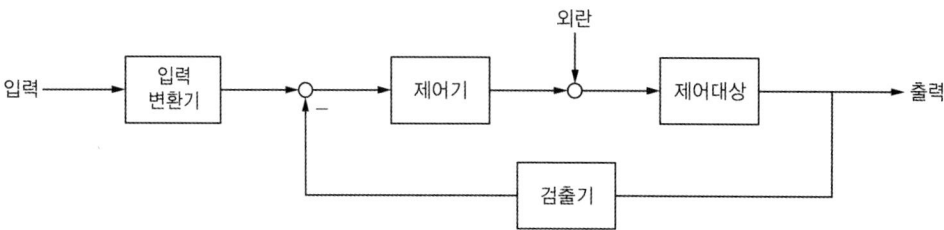

피드백 제어계의 특징

① 정확성 증가(오차 감소)란다.
② 시스템의 특성 변화에 대한 입력 대 출력비의 감도가 감소한다.
③ 비선형성과 왜형에 대한 효과가 감소한다.
④ 시스템의 전체 이득 감소한다.
⑤ 피드백 제어계에서 반드시 필요한 장치는 입력과 출력을 비교하는 장치이며 출력을 검출하는 센서가 필요하게 된다.

③ **피드백 제어 시스템(feedback control system)의 기본구성**

피드백 제어 시스템의 구성요소는 다음과 같다.

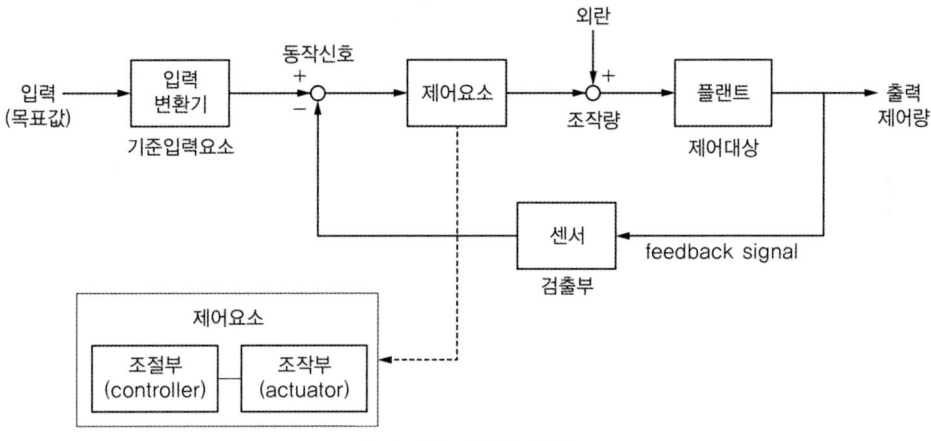

【 피드백 제어시스템 】

① 목표값(desired value) : 제어시스템을 동작시키는 입력(input)신호로서 희망값, 설정값(setting value)이라고도 한다.

② 비교기(comparator) : 출력신호가 궤환 신호를 거쳐 입력 변환기에서 발생한 신호와 비교하는 부분이다.

③ 동작신호(actuating signal) : 기준입력과 궤환 신호의 차를 나타내는 신호로서 오차신호이다.

④ 제어요소 : 동작신호를 조작량으로 변환하는 부분으로 조절부와 조작부로 구성된다.

⑤ 제어대상(plant 또는 process) : 제어시스템에서 제어에 직접적인 목표가 되는 장치이며 프로세스라고도 한다.

⑥ 조작량 : 제어요소가 제어대상에 주는 양으로 제어요소의 출력이면서 제어대상의 입력으로 사용된다.

⑦ 검출부 : 출력을 검출하는 장치(센서)이다.

⑧ 출력(output) : 궤환 시스템의 최종 출력을 나타내며 제어량이라고 한다.

⑨ 궤환요소(feedback) : 출력신호의 일부가 다시 입력신호에 영향을 주는 요소로서 제어대상을 제외한 나머지 장치들을 말한다.

제어시스템의 분류

제어시스템을 분류하는 방법으로는 목표값에 의한 것과 제어량에 의한 것으로 나눌 수 있다.

1 목표값에 의한 분류

제어 목표에 의한 제어시스템의 분류는 일반적으로 시스템의 입력에 의한 분류로 부르며 다음과 같이 분류할 수 있다.

① 정치제어 : 시간에 관계없이 값이 일정한 제어 방식이다.

② 추치제어 : 시간에 따라 값이 변화하는 제어로서 다음과 같다.
- 추종제어 : 미지의 임의 시간적 변화를 하는 목표값에 제어량을 추종시키는 것을 목적으로 하는 제어기법으로 대공포의 포신제어나 안테나 자세 등이 해당된다.
- 프로그램제어 : 미리 정해진 프로그램에 따라 제어량을 변화시키는 것을 목적으로 하는 제어기법으로 무인제어로 사용된다.(무인열차, 무인엘리베이터, 무인자판기 등에 사용)
- 비율제어 : 목표값이 다른 것과 일정한 비례관계를 가지고 변화하는 경우에 사용 하는 제어기법으로 배터리 및 공기량제어 등에 사용된다.

2 제어량에 의한 분류

제어량에 의한 제어 시스템의 분류는 일반적으로 시스템의 출력량에 의한 분류로 부르며 다음과 같이 분류할 수 있다.

① 서보 기구(Servo mechanism)
물체의 위치, 방위, 자세 등의 기계적 변위를 제어량으로 해서 목표값의 임의의 변화에 추종하도록 구성된 제어시스템을 말하며, 비행기 및 미사일 발사대의 자동 위치 조종 등이 이에 속한다.

② 프로세스 제어(Process control)
제어량의 온도, 유량, 압력 등의 생산 공정 중의 상태량을 제어량으로 하는 제어로서 프로세스에 가해지는 외란의 억제를 목적으로 한다.

③ 자동조정(Auto regulating)
전압, 전류, 주파수, 힘, 전기, 기계적량을 주로 제어하는 것으로서 응답 속도가 대단히 빨라야 하는 것이 특징이며 정전압 장치 발전기의 조속기 제어 등이 이에 속한다.

3 동작에 의한 분류

제어 동작이란 어떤 동작 신호에 따라 조작량을 제어 대상에 주어 제어 편차를 감소시키는 동작을 말하며, 이 제어 동작에 따라 분류하면 다음과 같다.

① 연속 제어
- 비례제어(P제어) : 설정값과 제어 결과, 즉 검출값 편차의 크기에 비례하여 조작부를 제어하는 것으로 오프셋(Off-set) 발생

- 적분제어(I제어) : 오차의 크기와 오차가 발생하고 있는 시간에 둘러싸인 면적, 즉 적분값의 크기에 비례하여 조작부를 제어하는 것으로 오프셋(off-set)을 소멸
- 미분제어(D제어) : 제어 오차가 검출될 때 오차가 변화하는 속도에 비례하여 조작량을 가감하는 동작으로서 오차가 커지는 것을 미연에 방지, rate 제어
- 비례·적분제어 (PI 제어) : 잔류 편차 제거(정상상태 개선), 시간지연
- 비례·미분제어(PD제어) : 속응성 향상, 진동억제(과도상태 개선)
- 비례·미분·적분제어(PID제어) : 속응성 향상, 잔류편차 제거

② 불연속 제어
- 샘플링제어(Sampling 제어)
- ON-OFF 제어(2위치 제어계)

이론 요약

1. 제어 시스템의 분류

① 목표 값에 의한 분류 : 입력에 의한 분류
- 정치 제어 : 시간에 관계없이 값이 일정한 제어
- 추치 제어 : 시간에 따라 값이 변화하는 제어
    - 추종 제어 : 목표 값이 임의의 시간적 변화(대공포, 레이더, 태양고도 추적)
    - 프로그램 제어 : 미리 정해진 신호에 따라 동작(무인 제어)
    - 비율 제어

② 제어량에 의한 분류
- 서보 기구 : 위치, 방향, 자세, 거리, 각도
- 프로세스 제어 : 농도, 온도, 압력, 유량, 습도
- 자동 조정 : 회전수, 전압, 주파수

2. 연속 제어

- 비례제어(P 제어) : 잔류 편차(off set) 발생
- 비례·적분제어(PI 제어) : 잔류 편차 제거, 시간 지연(정상상태 개선), 간헐 현상 발생
- 비례·미분제어(PD 제어) : 속응성 향상, 진동 억제(과도상태 개선)
- 비례·미분·적분제어(PID 제어) : 속응성 향상, 잔류 편차 제거

CHAPTER 07 필수 기출문제

꼭! 나오는 문제만 간추린

01 조절부의 전달특성이 비례적인 특성을 가진 제어시스템으로서 조절부의 입력이 주어지고 그 결과로 조절부의 출력을 만들어 내는 동작은?

① 비례동작
② 적분동작
③ 미분동작
④ 불연속동작

해설
- 비례제어 (P 제어) : 잔류 편차 (off set) 발생
- 적분제어 (I 제어) : 잔류 편차 제거
- 미분제어 (D 제어) : 속응성 향상, 진동억제(과도상태 개선)

【답】①

02 자동 제어의 추치 제어에 속하지 않는 것은?

① 추종 제어
② 프로세스 제어
③ 프로그램 제어
④ 비율 제어

해설
목표 값에 의한 분류 : 입력에 의한 분류
① 정치 제어 : 시간에 관계 없이 값이 일정한 제어(연속식의 압연기)
② 추치 제어 : 시간에 따라 값이 변화하는 제어
- 추종 제어 : 목표값이 임의의 시간적 변화 (대공포, 레이더)
- 프로그램제어(시퀀스 제어) : 미리 정해진 신호에 따라 동작(무인제어)
  (무인열차, 무인엘리베이터, 무인자판기)
- 비율 제어 : 시간에 비례하여 변화(배터리, 공기량)

【답】②

03 프로세스 제어의 제어량에 속하지 않는 것은?

① 방위
② 온도
③ 유량
④ 압력

해설
제어량에 의한 분류
① 서보 기구(servo mechanism) : 기계적인 변위량 → 추치(추종)제어. 위치, 방향, 자세, 거리, 각도 등
② 프로세서 제어(process control) : 공업공정의 상태량 → 정치제어. 밀도, 농도, 온도, 압력, 유량, 습도 등
③ 자동조정 (auto regulating) : 전기적, 기계적 신호 → 정치제어. 속도, 전위, 전류, 힘, 주파수

【답】①

04 시퀀스 제어에서 플로차트(Flow chart)를 작성할 때, 몇 개의 경로에서 판단 또는 YES, NO 중의 선택을 나타내는 기호는?

① ▭
② ──
③ ◇
④ △

해설
순서도에서의 판단기호 : ◇

【답】③

07 자동제어 | 157

05 함수 $f(t) = t\sin\omega t$의 라플라스 변환 $F(s)$는?

① $\dfrac{\omega s}{(s^2+\omega^2)^2}$ ② $\dfrac{\omega}{s^2+\omega^2}$

③ $\dfrac{2\omega s}{(s^2+\omega^2)^2}$ ④ $\dfrac{\omega^2}{s^2+\omega^2}$

해설 복소미분정리

$\mathcal{L}[f(t)] = F(s)$이면 $\mathcal{L}[t^n f(t)] = (-1)^n \dfrac{d^n}{ds^n} F(s)$

$\mathcal{L}[t\sin\omega t] = (-1)^1 \dfrac{d}{ds}(\sin\omega t) = -1\dfrac{d}{dt}\left(\dfrac{\omega}{s^2+\omega^2}\right) = -\dfrac{0-\omega \cdot 2s}{(s^2+\omega^2)^2} = \dfrac{2\omega s}{(s^2+\omega^2)^2}$

【답】③

06 다음 그림의 함수가 $u(t-a)$로 표현될 때 라플라스 변환식은?

① se^{-at} ② e^{-at}

③ $\dfrac{e^{-as}}{s}$ ④ $\dfrac{1}{s}$

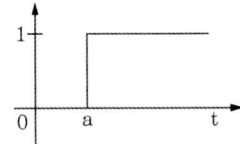

해설 라플라스 변환의 시간 이동 정리를 적용하면

$\mathcal{L}\{u(t-a)\} = \dfrac{1}{s}e^{-as}$

【답】③

07 적분 요소의 전달함수는?

① K ② Ts

③ $\dfrac{1}{Ts}$ ④ $\dfrac{K}{1+Ts}$

해설 각 제어 요소의 전달함수

비례 요소	$G(s) = K$
적분 요소	$G(s) = \dfrac{K}{s}$
미분 요소	$G(s) = Ks$
1차 지연 요소	$G(s) = \dfrac{K}{1+Ts}$

【답】③

08 다음 블록선도에서 전달함수 $\dfrac{C(s)}{R(s)}$는?

① $1+G(s)$ ② $1-G(s)$

③ $\dfrac{G(s)}{1+G(s)}$ ④ $\dfrac{G(s)}{1-G(s)}$

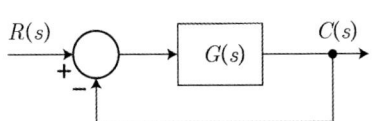

해설 폐루프 전달함수 $T(s) = \dfrac{C(s)}{R(s)} = \dfrac{G(s)}{1+G(s)}$

【답】③

PART 02
공사재료

1. 전선 및 케이블
2. 배선재료와 공구
3. 배관배선공사
4. 가공인입선 및 배선선로공사
5. 고압 및 저압 배전반 공사
6. 피뢰설비 및 접지
7. 전기제어

새로운 유형의 문제가 자주 등장하는 과목으로 출제 기준을 꼼꼼히 살펴 시험 준비를 해야 합니다. 특히 전력공학 부분과 겹치는 부분이 많아 두 과목을 함께 공부하는 것이 학습 능률을 끌어올리는 데 효과적입니다.

CHAPTER 01 전선 및 케이블

전선 · 케이블 · 지지선 · 캡타이어 케이블 · 슬리브 접속

전선

1 전선의 구비조건

① 도전율이 클 것
② 기계적 강도가 클 것
③ 비중(밀도)이 작을 것
④ 가선공사(접속)가 쉬울 것
⑤ 부식성이 작을 것
⑥ 유연성(가요성)이 좋을 것
⑦ 경제적일 것

※ 도전율
 - 연동선(구리) : 100[%]
 - 경동선(구리+주석) : 97[%]
 - 알루미늄선 : 61[%]

2 전선의 식별(KEC 121.2조)

상(문자)	색상
L1	갈색
L2	검은색
L3	회색
N	파란색
보호도체	녹색-노란색

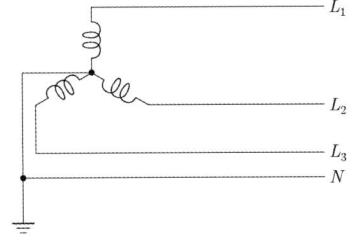

3 송전 및 배전에 사용되는 전선의 종류

- 나전선 : 도체에 절연을 하지 않은 것으로 주로 송전선로에 사용한다.
- 절연전선 : 도체에 절연을 한 것(피복선)으로 주로 배전선로에 사용된다.
- 케이블 : 절연성능이 우수하며 주로 지중 송전선로 및 지중 배전선로에 사용된다.

4 전선 구성

단선은 소선수가 하나인 전선으로 전선의 직경인[mm]로 나타내며 그 종류는 보통 1.6, 2.0, 2.6, 3.2, 4.0, 5.0…이 많이 사용된다.
연선은 여러 개의 소선이 하나의 전선을 이루고 있는 전선으로 [N/d]로 나타내며 여기서, N은 소선의 총수이며 d는 소선의 직경이며 대부분의 송전 및 배전의 전선은 연선을 사용한다.

5 연선 종류

① 단일연선

동일한 재질의 단선을 수조~수십조 꼬아서 합친 것으로, 대표적인 것은 경동연선(HDCC : Hard Drawn Copper Conduct)으로 도전율이 높으나 고가이다.

② 합성연선

2종 이상의 금속선을 꼬아서 합친 것으로 대표적인 경우로 강심알루미늄연선(ACSR)이 있다. 여기서, 강심알루미늄연선(ACSR : Aluminum Conduct Steel Reinforced)은 비교적 도전율이 높은(61[%]) 경알루미늄선을 인장강도가 큰 강선이나 강연선의 주위에 합쳐 꼬아 만든 전선이다.

이러한 ACSR의 특징은 다음과 같다.

- 비중이 적다(진동이 발생할 우려가 있다).
- 기계적 강도가 크다.
- 대부분의 송전선로에 사용하고 있다.

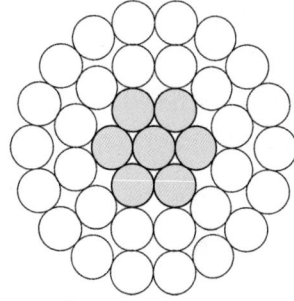

St 7/3.2, Al 30/3.2

③ 중공전선(연선)

송전선로의 고전압화로 인하여 전선의 외경을 증가시키고 그 단면적을 필요한 크기로 하기 위하여 중심부분에는 소선이 없고 외곽부분에 소선이 있는 전선으로 코로나 방지효과가 크지만 국내에서는 사용하지 않는다.

용도는 200[kV] 이상의 초고압 송전선로에 사용된다.

6 전선의 접속방법

- 인장 강도를 80[%] 이상 유지할 것
- 전기 저항을 증가하지 말 것
- 충분한 절연 내력을 지닐 것

7 연선의 접속 : 슬리브

- 슬리브 : 직선용, 분기용, 점퍼선용
- ACSR 전선 접속 : 직선 조인 슬리브

케이블

지중전선로의 전선은 절연성능이 우수한 케이블을 사용하며 송전용으로 사용되는 케이블은 OF케이블, POF 케이블 및 CV 케이블이 사용되며 배전선로에는 주로 CN-CV케이블이 사용되고 있다.

1 케이블의 명칭

케이블의 명칭은 절연체와 시스의 이름을 이용하여 정하며 보통 ** 절연 ** 시스 케이블의 형태로 사용되며 소재에 대한 영문약호는 다음과 같다.
- V : 비닐
- C : 가교폴리에틸렌(XLPE). 허용 온도 : 90[℃]
- E : 폴리에틸렌
- B : 부틸고무
- R : 고무

② 지중 전선로용 케이블

① CV 케이블(Crosslinked Polyethylene Cable)
- 가볍고 절연성능이 우수하다.
- 유전율이 낮아 유전체손실이 작다.
- 접속이 용이하다.
- 절연유를 사용하지 않으므로 보수, 점검이 유리하다.
- 열에 약한 폴리에틸렌을 보완한 것이다.

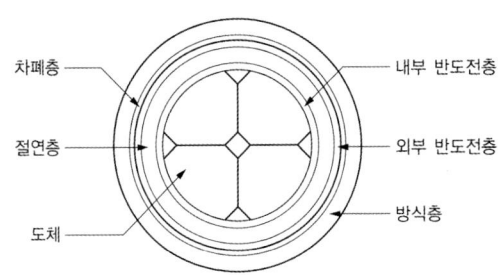

② 특고압 배전용 케이블

　CN-CV 케이블　(여기서, CN : 동심 중성선)
- 배전용으로 주로 사용된다.
- 명칭은 동심중선선 케이블이며 주로 22.9[kV-Y]용으로 사용된다.

전선과 케이블의 종류는 다음과 같다.

약 호	명 칭
ACSR	강심 알루미늄 연선
CV1 케이블	0.6/1[kV] 가교 폴리에틸렌 절연 비닐 시스 케이블
CV10 케이블	6/10[kV] 가교 폴리에틸렌 절연 비닐 시스 케이블
CVV 전선	0.6/1[kV] 비닐절연 비닐시스 제어케이블
CN-CV 케이블	동심중성선 차수형 전력케이블
CN-CV-W 케이블	동심중성선 수밀형 전력케이블
CE1 케이블	0.6/1[kV] 가교 폴리에틸렌 절연 폴리에틸렌 시스케이블
CE10 케이블	6/10[kV] 가교 폴리에틸렌 절연 폴리에틸렌 시스케이블
DV 전선	인입용 비닐 절연전선
EE 케이블	폴리에틸렌 절연 폴리에틸렌 시스 케이블
EV 케이블	폴리에틸렌 절연 비닐 시스 케이블

FL 전선	형광 방전등용 비닐 전선
FR CNCO-W	동심중성선 수밀형 저독성 난연 전력케이블
HFIX 전선(HF : 할로겐 프리)	450/750[V] 저독성 난연 가교 폴리올레핀 절연전선
HFIO 전선(HF : 할로겐 프리)	450/750[V] 저독성 난연 폴리올레핀 절연전선
MI 케이블	미네랄 인슈레이션 케이블
NR 전선	450/750[V] 일반용 단심 비닐 절연전선
OC 전선	옥외용 가교 폴리에틸렌 절연전선
OE 전선	옥외용 폴리에틸렌 절연전선
OW 전선	옥외용 비닐 절연전선
VCT 케이블	0.6/1[kV] 비닐 절연 비닐 캡타이어 케이블
VV 케이블	0.6/1[kV] 비닐 절연 비닐 시스 케이블

캡타이어 케이블

캡타이어 케이블(Captire Cable)은 주석 도금한 연동연선을 심선으로 하고 종이 또는 면사(綿絲) 등을 감고 그 위에 순고무 30[%] 이상을 함유한 고무 혼합물로 피복한 케이블로 광산, 공장 등에 사용한다.

캡타이어 케이블의 심선별 색상은 다음과 같다.

심선 수	색
2심	흑색, 백색
3심	흑색, 백색, 적색
4심	흑색, 백색, 적색, 녹색
5심	흑색, 백색, 적색, 녹색, 황색

이론 요약

① 가공 전선의 구비 조건
- 도전율이 클 것
- 기계적 강도가 클 것
- 가요성이 클 것
- 내식성이 클 것
- 비중(밀도)가 작을 것

② 캡타이어 케이블
- 5심 케이블의 색별 : 흑, 백, 적, 녹, 황
- 순고무 30[%] 이상을 함유한 고무 혼합물로 피복
- 광산, 공장 등에 사용

③ 전선 약호
- OW : 옥외용 비닐 절연 전선
- ACSR : 강심알루미늄연선
- DV : 인입용 비닐 절연 전선
- NR : 450/650[V] 일반용 단심 비닐 절연 전선
- VV : 0.6/1[kV]비닐 절연 비닐 시스 케이블
- EV : 폴리에틸렌 절연 비닐 시스 케이블
- CV1 : 0.6/1[kV] 가교폴리에틸렌 절연 비닐 시스 케이블
- HFIX : 450/750[V] 저독성 난연 가교 폴리올레핀 절연전선
- HFIO : 450/750[V] 저독성 난연 폴리올레핀 절연전선

④ 절연물의 허용온도
- 폴리염화비닐(PVC) : 70[℃]
- 가교폴리에틸렌(XLPE), 에틸렌프로필렌고무 : 90[℃]

CHAPTER 01 필수 기출문제

꼭! 나오는 문제만 간추린

01 전선 재료로서 구비하여야 할 조건 중 틀린 것은?
① 도전율이 클 것
② 접속이 쉬울 것
③ 가요성이 풍부할 것
④ 인장 강도가 비교적 적을 것

해설 전선의 구비조건
- 도전율이 클 것
- **인장 강도가 클 것**
- 가요성이 클 것
- 내식성이 클 것
- 비중(밀도)가 작을 것
- 접속공사가 용이할 것

【답】 ④

02 전선은 색상으로 각 상(L1, L2, L3)을 구분하고 있다. 각 상 중에서 L2의 색상은?
① 검은색
② 적색
③ 파란색
④ 회색

해설 (KEC 121.2조) 전선의 식별

상(문자)	색상
L1	갈색
L2	검은색
L3	회색
N	파란색
보호도체	녹색-노란색

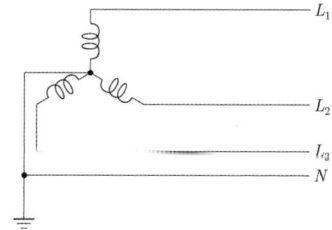

【답】 ①

03 저압 가공 전선에 사용되는 것으로서 경동선에 염화 비닐을 피복한 것으로 450/750[V] 일반용 단심 비닐 절연전선에 비하여 피복이 얇고 손상하기 쉬우므로 취급하는 데 주의를 하여야 하는 전선은?
① NR전선
② AL-IV전선
③ OW전선
④ RB전선

해설
① NR전선 : 450/750[V] 일반용 단심 비닐 절연전선
② AL·IV전선 : 600[V] 알루미늄 도체 비닐 절연전선
③ **OW전선 : 옥외용 비닐 절연전선(저압 가공전선)**
④ RB전선 : 600[V] 고무 절연전선

【답】 ③

04 인입선용 자재 적용에서 옥외 전용선은 OW전선을 사용하는데, 인입선 전용에는 어떤 전선을 사용하는가?
① FL전선
② PD전선
③ NR전선
④ DV전선

해설
- FL : 형광 방전등용 비닐 전선
- PD : 고압 인하용 전선
- NR : 450/750[V] 일반용 단심 비닐 절연전선
- **DV : 인입용 비닐 절연전선**

【답】 ④

05 동전선의 접속 중 슬리브에 의한 접속 방법이 아닌 것은?
① S형 슬리브에 의한 직선접속
② S형 슬리브에 의한 분기접속
③ 매킹타이어 슬리브에 의한 직선 접속
④ S형 슬리브에 의한 송단접속

해설 (내선규정 제1430-8조) 동전선의 접속
- S형 슬리브 접속 : 직선, 분기접속
- 매킹타이어 슬리브 접속 : 직선접속

【답】 ④

06 다음의 전선 중 도전율이 가장 우수한 것은 어느 것인가?
① 연동선
② 경동선
③ 고순도 알루미늄
④ 경알루미늄

해설 도전율
- **연동선 100[%]**
- 경동선 97[%]
- 알루미늄선 61[%]

【답】 ①

07 알루미늄 선의 도전율은 약 몇 [%]인가?
① 35
② 60
③ 85
④ 97

해설 도전율
- 연동선(구리) : 100[%]
- 경동선(구리+주석) : 97[%]
- 알루미늄선 : 61[%]

【답】 ②

08 ★★★★★
ACSR선의 재료로만 된 것은?
① 주석, 구리
② 강, 구리
③ 구리, 알루미늄
④ 강, 알루미늄

해설 ACSR(Aluminum Conduct Steel Reinforced, 강심 알루미늄 연선)
- 기계적 강도 : 강(Steel)
- 도체 : 알루미늄

【답】 ④

09 ACSR 전선을 선로 중간에 접속할 때 쓰이는 재료는?
① 터미널 러그
② 직선 조인 알루미늄 슬리브
③ S형 슬리브
④ 압축인류 크램프

해설
- 연선의 접속 : 슬리브
- 슬리브 : 직선용, 분기용, 점퍼선용
- ACSR 전선 접속 : 직선 조인 슬리브

【답】 ②

10 다음 중에서 절연전선에 해당되지 않는 것은?

① NRI(70)　　　　　　　　　　　② HR(0.5)
③ ACSR　　　　　　　　　　　　④ DV

해설
- HR(0.5) : 500[V] 내열성 고무 절연전선(110[℃])
- DV : 인입용 비닐 절연전선
- **ACSR : 강심알루미늄 연선(나전선)**
- NRI(70) : 300/500[V] 기기 배선용 단심 비닐절연전선(70[℃])

【답】③

11 케이블의 약호 표시 중 EE가 뜻하는 것은?

① 천연 고무 절연 비닐 시스 케이블
② 폴리에틸렌 절연 비닐 시스 케이블
③ 폴리비닐 절연 폴리에틸렌 시스 케이블
④ 폴리에틸렌 절연 폴리에틸렌 시스 케이블

해설
케이블의 종류

약호	명칭
EE	폴리에틸렌 절연 폴리에틸렌 시스 케이블
CV	가교폴리에틸렌 절연 비닐 시스 케이블
CVV	제어용 비닐절연 비닐 시스 케이블(자켓용)
EV	폴리에틸렌 절연 비닐 시스 케이블

【답】④

12 다음 중 열경화 온도가 높고 가열변형이 적으며 Stress Cracking 성이 현저하게 강하며 송배전용 전력 케이블 등으로 많이 사용되는 절연체는?

① CN·CV　　　　　　　　　　　② XLPE
③ VV　　　　　　　　　　　　　④ PE

해설
XLPE(Cross·Linked Polycthlono : 가교폴리에틸렌)
기존의 폴리에틸렌의 분자구조는 열이 가해지면 변형이 발생하므로 폴리에틸렌의 열적 단점을 보완하기 위하여 분자구조를 격자(Cross·Link)구조로 구성하여 열적 변형을 보완한 절연재

【답】②

13 가교 폴리에틸렌 절연전선의 최고 허용 온도는?

① 약 60[℃]　　　　　　　　　　② 약 70[℃]
③ 약 80[℃]　　　　　　　　　　④ 약 90[℃]

해설
절연전선 케이블의 허용온도(KSC-IEC 60364-5)

절연물의 종류	허용온도[℃]	비고
염화비닐(PVC)	70	도체
가교폴리에틸렌(XLPE)과 에틸렌프로필렌고무혼합물(EPR)	**90**	**도체**
무기질(PVC피복 또는 나도체가 인체에 접촉할 우려가 있는 것)	70	시스
무기질(접촉하지 않고 가연성 물질과 접촉할 우려가 없는 나도체)	105	시스

【답】④

14 캡 타이어 케이블의 외피 절연 재료로 많이 사용되고 있는 것은?
① GR·M(neoperene) ② 폴리에틸렌
③ PVC ④ 천연 고무

해설 캡타이어 케이블
- 5심 케이블의 색별 : 흑, 백, 적, 녹, 황
- 순고무 30[%] 이상을 함유한 고무 혼합물로 피복
- 광산, 공장 등에 사용

【답】④

15 ★★★★★ 4심 캡타이어 케이블 심선의 색깔은?
① 흑, 백, 적, 청 ② 흑, 백, 적, 황
③ 흑, 백, 적, 녹 ④ 흑, 백, 적, 회

해설 캡타이어 케이블
- 5심 케이블의 색별 : 흑, 백, 적, 녹, 황. 4색 이하는 뒤에서부터 하나씩 빼면 됨
- 순고무 30[%] 이상을 함유한 고무 혼합물로 피복
- 광산, 공장 등에 사용

【답】③

16 ★★★★★ CN / CV 기호는 22.9[kV] 가교 폴리에틸렌 절연 비닐 시스 동심 중성선형 전력케이블이다. 기호에서 CN의 의미는?
① 동심 중성선 ② 비닐(PVC) 시스
③ 폴리에틸렌(PE) 시스 ④ 가교 폴리에틸렌(XLPE) 절연

해설
- CN·CV 케이블 : 가교 폴리에틸렌 절연 비닐 시스 동심 중성선형 전력케이블
- CN : 동심 중성선
- CV : 가교 폴리에틸렌 절연 비닐 시스

【답】①

17 22.9[kV-Y] 계통에서는 어떤 케이블을 사용하여야 하는가?
① N·EV전선 ② CNCV·W 케이블
③ N·RC전선 ④ CV 케이블

해설
- 22.9[kV-Y] : CNCV·W(수밀형)케이블 사용
  TR·CNCV·W(트리억제형)케이블 사용

【답】②

18 광섬유케이블을 설명한 것으로 옳은 것은?
① 통상의 상태에서 전기가 통하는 이웃 연결인입선
② 약전류 전기의 전송에 사용되는 전기도체
③ 절연물로 피복한 전기도체를 다시 피복한 전기도체
④ 광신호 전송에 사용하는 보호피복으로 보호한 전송매체

해설 광섬유케이블 : 광신호 전송에 사용하는 보호피복으로 보호한 전송매체

【답】④

CHAPTER 02 배선재료와 공구

배선기구·분전함 설치·각종 계기류·전선과 계기류 접속·소켓의 수용구 크기에 따른 분류·누전차단기(漏電遮斷器)·전기설비에 관련된 공구·전기설비에 관련된 측정기구

배선기구

배선기구는 개폐기류(스위치류)와 접속기류(콘센트류)로 분류하며 다음과 같다.

1 개폐기 종류

① **나이프 스위치(knife switch)** : 배전반이나 분전반에 사용하며 종류는 다음과 같다.

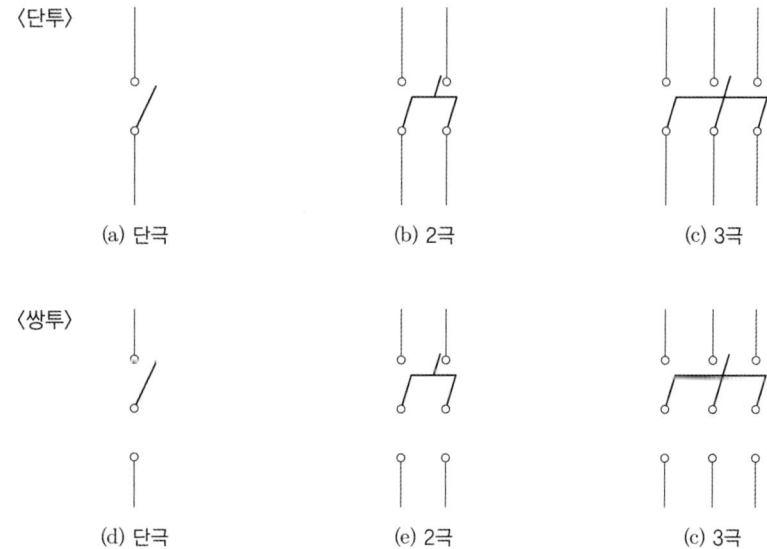

여기서, 쌍투스위치는 1개의 날과 2조의 클립이 있어 날을 어느 쪽 클립으로 젖히느냐에 따라 회로가 전환이 되는 것을 말한다.

② **커버 나이프 스위치** : 나이프 스위치의 앞면을 덮은 것

③ **텀블러 스위치** : 노브(knob)를 상하로 움직여 점멸

④ 부동 스위치(Floatless Switch) : 물탱크의 물의 양에 따라 자동으로 동작하는 스위치

⑤ 풀 스위치(pull switch) : 끈을 잡아당기면 개폐가 되는 스위치

⑥ 누름버튼 스위치(push button switch) : 누르고 있는 동안에만 동작되는 스위치

2 콘센트와 플러그의 종류

① 플러그
- 테이블 탭 : 코드의 길이가 짧은 경우 연장하여 사용

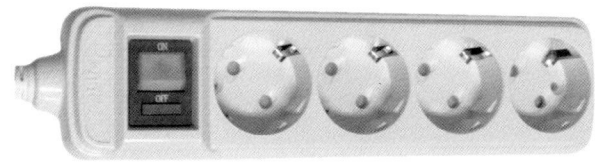

- 멀티 탭 : 하나의 콘센트에 두 개 이상의 기구를 사용할 때

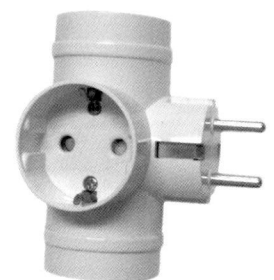

② 콘센트
- 노출형 콘센트

- 매입형 콘센트 : 바닥에서 30[cm] 이상의 높이에 시설

- 방수형 콘센트 : 바닥에서 80[cm] 이상의 높이에 시설

분전함 설치

1 분전함의 부품

분전함의 부품은 개폐기(나이프 SW)와 차단기(NFB)로 구성되며 설치 규정은 다음과 같다.

2 분전함 설치규정

① 반의 옆쪽 또는 이면에 설치하는 가터는 강판제로서 전선을 구부리거나 눌리지 아니할 정도로 충분히 큰 것이어야 한다.

② 목제함은 최소 두께 1.2[cm](뚜껑은 제외) 이상으로 불연성 물질을 안에 바른 것이어야 한다.

③ 난연성 합성수지로 된 것은 두께 1.5[mm] 이상으로 내아크성인 것이어야 한다.

④ 강판제의 것은 일반적인 경우 1.2[mm] 이상이어야 한다.

각종 계기류

1 개폐기 및 퓨즈

① AS : 전류계용 절환 개폐기

② VS : 전압계용 절환 개폐기

③ PF : 전력용 퓨즈

④ MOF : CT, PT를 한 탱크에 넣은 계기용 변성기(전력수급용 계기용 변성기)

⑤ ZCT : 영상변류기

⑥ CT : 변류기

⑦ PT : 계기용 변압기

2 계측기류

① Ⓐ : 전류계

② Ⓥ : 전압계

③ Ⓦ : 전력계

④ ⓦh : 전력량계

⑤ ⓟf : 역률계

⑥ Ⓕ : 주파수계

전선과 계기류 접속

1 터미널러그
기계기구의 단자와 전선의 접속

2 슬리브
연선 접속

3 와이어커넥터
전선과 전선을 연결

소켓의 수용구 크기에 따른 분류

소켓의 수용구 크기에 따른 분류는 다음과 같다.

1. E10

    장식용과 회전등으로 사용되는 작은 전구용

2. E12

    배전반 표시등

3. E17

    사인 전구용

4. E26

    250[W] 이하의 병형 전구용

5. E39

    300[W] 이상의 대형 전구용

누전차단기(漏電遮斷器)

누전차단기의 설치장소 및 규정은 다음과 같다.

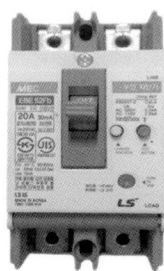

1. **누전차단기의 설치**

    사람이 쉽게 접촉될 우려가 있는 장소에 시설하는 사용전압이 50[V]를 초과하는 저압의 금속제 외함을 가지는 기계 기구에 전기를 공급하는 전로에 지기가 발생하였을 때 자동적으로 전로를 차단하는 누전차단기 등을 설치하여야 한다.

    주택의 구내에 시설하는 대지 전압 150[V] 초과 300[V] 이하의 저압전로 인입구에는 인체 감전 보호용 누전차단기를 설치한다.

② **누전차단기 시설 예**

전로의 대지전압 \ 기계기구의 시설장소	옥내		옥측		옥외	물기가 있는 장소
	건조한 장소	습기가 많은 장소	우선내	우선외		
150[V] 이하	×	×	×	□	□	○
150[V] 초과 300[V] 이하	△	○	×	○	○	○

【비고】 표에 표시한 기호의 뜻은 다음과 같다.
○ : 누전차단기를 시설할 곳
△ : 주택에 기계 기구를 시설하는 경우에는 누전차단기 시설할 것
□ : 주택구내 또는 도로에 접한면에 룸 에어컨디셔너, 아이스박스, 진열창, 자동판매기 등 전동기를 부품으로 한 기계 기구를 시설하는 경우 누전차단기를 시설하는 것이 바람직한 곳
× : 누전차단기를 설치하지 않아도 되는 곳

③ **누전차단기의 선정**

저압전로에 시설하는 누전차단기는 전류동작형으로 다음 각 호에 적합한 것이어야 한다.

누전차단기의 종류

구 분		정격 감도 전류[mA]	동 작 시 간
고감도형	고속형	5 10 15 30	• 정격 감도 전류에서 0.1초 이내, 인체 감전 보호용은 0.03초 이내
	시연형		• 정격감도전류에서 0.1초 초과 2초 이내
	반한시형		• 정격 감도 전류에서 0.2초를 초과하고 1초 이내 • 정격 감도 전류 1.4배의 전류에서 0.1초를 초과하고 0.5초 이내 • 정격 감도 전류 4.4배의 전류에서 0.05초 이내
중감도형	고속형	50, 100, 200, 500, 1,000	• 정격 감도 전류에서 0.1초 이내
	시연형		• 정격 감도 전류에서 0.1초를 초과하고 2초 이내
저감도형	고속형	3,000, 5,000 10,000, 20,000	• 정격 감도 전류에서 0.1초 이내
	시연형		• 정격 감도 전류에서 0.1초를 초과하고 2초 이내

전기설비에 관련된 측정기구

전기설비 공사에 관련된 측정 기구는 다음과 같다.

① 회로 시험기(멀티 테스터)

전압, 저항, 전류 측정, 도통시험

② 접지저항계(어스 테스터)

접지저항을 측정

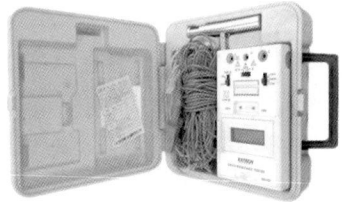

③ 절연저항계(메거)

절연저항 측정

④ 훅 온(hook-on) 미터

활선 상태에서 전선 전류 측정, 전압 측정 등

이론 요약

① 분전함 설치규정
- 반의 옆쪽 또는 이면에 설치하는 가터는 강판제로서 전선을 구부리거나 누르지 아니할 정도로 충분히 큰 것
- 목제함은 최소 두께 1.2[cm](뚜껑은 제외)이상으로 불연성 물질을 안에 바른 것
- 난연성 합성수지로 된 것은 누께 1.5[mm] 이상으로 내아크성인 것
- 강판제의 것은 일반적인 경우 1.2[mm] 이상

② 전선과 계기류 접속
- 터미널러그 : 기계기구의 단자와 전선의 접속
- 슬리브 : 연선 접속
- 와이어커넥터 : 전선과 전선을 연결

CHAPTER 02 필수 기출문제

꼭! 나오는 문제만 간추린

01 배선 기구라 함은 다음 중 어느 것인가?
① 전선을 접속하는 데 필요한 와이어 커넥터
② 스위치(텀블러) 및 콘센트류의 기구
③ 전선 및 케이블을 단말 처리할 때 필요한 압착 터미널류의 기구
④ 전선 및 케이블을 전선관에 입선할 때 필요한 공구

해설 배선 기구
개폐기류(스위치류)와 접속기류(콘센트류)

【답】②

02 다음 개폐기 중에서 옥내 배선의 분기회로 보호용으로 사용되는 배선 차단기의 약호는?
① MCCB ② ACB
③ OCB   ④ DS

해설
• MCCB, NFB : 배선 차단기
• ACB : 기중차단기
• OCB : 유입차단기
• DS : 단로기

【답】①

03 저압 배전반의 main 차단기로 주로 사용되는 차단기는?
① VCB 또는 TCB ② COS 또는 PF
③ ACB 또는 NFB ④ DS 또는 OS

해설 저압용 차단기
• MCCB, NFB(배선 차단기)
• ACB(기중차단기)

【답】③

04 분전함의 분기 개폐기로 쓰이지 않는 개폐기는?
① 컷아웃 스위치 ② 나이프 스위치
③ 풀 스위치   ④ 배선 차단기

해설 풀 스위치(Pull switch) : 끈을 당기면 개폐가 되는 스위치로서 분기 개폐기로는 사용할 수 없다.

【답】③

05 분전함에 대한 설명 중 틀린 것은?
① 반의 옆쪽 또는 이면에 설치하는 가타는 강판제로서 전선을 구부리거나 눌리지 아니 할 정도로 충분히 큰 것이어야 한다.
② 목제함은 최소 두께 1.0[cm](뚜껑포함) 이상으로 불연성 물질을 안에 바른 것이어야 한다.
③ 난연성 합성수지로 된 것은 두께 1.5[mm] 이상으로 내아크성인 것이어야 한다.
④ 강판제의 것은 일반적인 경우 1.2[mm] 이상이어야 한다.

해설 (내선규정 제1,455-6조) 분전함
- 반의 옆쪽 또는 이면에 설치하는 가터는 강판제로서 전선을 구부리거나 눌리지 아니 할 정도로 충분히 큰 것이어야 한다.
- 목제함은 최소 두께 1.2[cm](뚜껑은 제외) 이상으로 불연성 물질을 안에 바른 것이어야 한다.
- 난연성 합성수지로 된 것은 두께 1.5[mm] 이상으로 내아크성인 것이어야 한다.
- 강판제의 것은 일반적인 경우 1.2[mm] 이상이어야 한다.   【답】②

06 문자 기호 중 계기류에 속하지 않는 것은?
① ZCT ② A
③ PF   ④ WHM

해설
- ZCT : 영상변류기
- A : 전류계
- PF : 역률계
- WHM : 전력량계

여기서, ZCT는 영상변류기로 계전기류에 속한다.   【답】①

07 다음 약호 중 전류계 전환 스위치를 표시한 것은?
① AS   ② PF
③ PCT ④ ZCT

해설
- AS : 전류계용 절환 개폐기
- PF : 전력용 퓨즈
- PCT : MOF, CT, PT를 한 탱크에 넣은 계기용 변성기함
- ZCT : 영상변류기   【답】①

08 금속관공사의 박스 내에 전선을 접속할 때 가장 좋은 재료는?
① 와이어 커넥터   ② 코드 커넥터
③ S슬리브   ④ 컬 플러그

해설 와이어 커넥터 : 전선과 전선을 연결   【답】①

09 전선 및 케이블의 중간 접속재로 사용되는 것은?
① 칼부럭   ② 볼트식 터미널
③ 압착 슬리브   ④ 압착 터미널

해설 슬리브 전선이나 케이블 접속 시 사용(직선형, 분기형, 점퍼용)   【답】③

10 기계기구의 단자와 전선의 접속에 사용되는 재료는?
① 터미널러그   ② 슬리브
③ 와이어 커넥터 ④ T형 커넥터

해설 터미널러그 : 기계기구의 단자(터미널)와 전선의 접속   【답】①

11 물탱크의 물의 양에 따라 동작하는 스위치로서 학교, 공장, 빌딩 등의 옥상에 있는 물탱크의 급수 펌프에 설치된 전동기 운전용 마그네트 스위치와 조합하여 사용하면 매우 편리한 스위치는?

① 수은 스위치　　　　　　　② Time Switch
③ 압력 스위치　　　　　　　④ Floatless Switch

해설　부동 스위치(Floatless Switch) : 물탱크의 물의 양에 따라 동작하는 스위치 　【답】④

12　가공 전선로의 절연 전선 상호를 압축 슬리브 접속한 곳에 절연 커버를 쓰는 재료가 잘못 선정된 것은?
① 직선 슬리브 커버　　　　② 점퍼 슬리브 커버
③ 분기 슬리브 커버　　　　④ 클램프 커버

해설　슬리브 : 전선(연선) 접속
종류 : 직선, 분기, 점퍼선용 　【답】④

13　소켓의 수용구 크기 중에서 사인 전구에 사용되는 수용구 크기는?
① E17　　　　　　　　　　② E26
③ E39　　　　　　　　　　④ E10

해설　소켓의 수용구 크기에 따른 분류
- E10 : 장식용과 회전등으로 사용되는 작은 전구용　　• E12 : 배전반 표시등
- **E17 : 사인 전구용**　　• E26 : 250[W] 이하의 병형 전구용　• E39 : 300[W] 이상의 대형 전구용 　【답】①

14　★★★★★
금속관 끝에 나사를 내는 데 사용하는 수동공구는?
① 오스터　　　　　　　　　② 플라이어
③ 클리퍼　　　　　　　　　④ 프세셔 툴

해설　오스터 : 금속관 끝에 나사를 내는 데 사용 　【답】①

15　옥내배선용 공구 중 리이머의 사용 목적은 다음 중 어느 것인가?
① 금속관 절단구에 대한 절단면 다듬기
② 로크너트 또는 부싱을 견고히 조일 때
③ 소울더리스 커넥터 또는 소울더리스 터미널을 압착하는 공구
④ 금속관의 굽힘

해설
- 리이머 : 금속관 절단구에 대한 절단면 다듬기
- 단자 압착기 : 소울더리스 커넥터 또는 소울더리스 터미널을 압착하는 공구
- 벤더 : 금속관의 굽힘 　【답】①

16　물탱크의 물의 양에 따라 동작하는 스위치로서 학교, 공장, 빌딩 등의 옥상에 있는 물탱크의 급수펌프에 설치된 전동기 운전용 마그네트 스위치와 조합하여 사용하면 매우 편리한 스위치는?
① 압력 스위치　　　　　　　② 리미트 스위치
③ 타임 스위치　　　　　　　④ 부동스위치

해설　부동스위치(Floatless Switch) : 물탱크의 물의 양에 따라 동작하는 스위치 　【답】④

CHAPTER 03 배관배선공사

저압 옥내배선의 시설장소별 공사의 종류·애자공사·금속관공사·유니버설 피팅(전선관용)·버스덕트공사

애자공사

1 사용하는 애자

애자공사에 사용하는 애자는 절연성·난연성 및 내수성의 것이어야 한다.

- 애자공사에 사용되는 놉(노브)애자는 다음 그림과 같다.

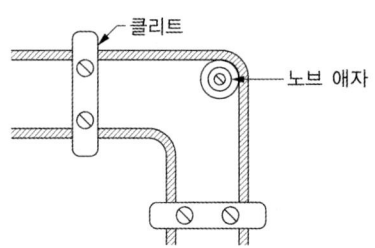

2 놉애자와 사용되는 전선의 최대 굵기

놉애자의 종류	전선의 최대 굵기[mm^2]
소놉 애자	16
중놉 애자	50
대놉 애자	95
특대놉 애자	240

금속관공사

1 금속관공사의 특징

① 완전히 접지할 수 있으므로 누전화재의 우려가 적다.
② 방폭공사를 할 수 있다.
③ 거의 모든 시설장소에 사용할 수 있다.

2 금속관의 종류 및 규격

종류	관의 규격[mm]
후강 전선관(짝수, 내경, G)	16 22 28 36 42 54 70 82 92 104
박강 전선관(홀수, 외경, C)	19 25 31 39 51 63 75

3 금속관공사의 규정

금속관공사에 의한 저압 옥내배선은 다음에 따라 시설하여야 한다.

① 전선은 절연전선(옥외용 비닐 절연전선을 제외한다)일 것

② 전선은 연선일 것. 다만, 다음의 것은 적용하지 않는다.
- 짧고 가는 금속관에 넣은 것
- 단면적 10[mm²](알루미늄선은 단면적 16[mm²]) 이하의 것

③ 전선은 금속관 안에서 접속점이 없도록 할 것

④ 전선을 병렬로 사용하는 경우는 전자적 불평형이 생기지 않도록 시설한다.

4 금속관 1본의 길이

3.66[m]

5 금속관의 두께

① 콘크리트 매설용 : 1.2[mm] 이상
② 기타 : 1.0[mm] 이상(단, 이음매가 없는 길이 4[m] 이하인 것을 건조한 곳에 시설하는 경우는 0.5[mm]까지로 감할 수 있음)

6 금속관공사용 부품

명칭	사용 용도
로크너트(Lock nut)	관과 박스를 접속하는 경우
부싱(Bushing)	전선 관단에 끼우고 전선을 넣거나 빼는 데 있어서 전선의 피복을 보호하여 전선이 손상되지 않게 하는 것.
커플링(Coupling)	금속관 상호 접속 또는 관과 노멀 밴드와의 접속에 사용 관의 양측을 돌려서 접속할 수 없는 경우 : 유니온 커플링
새들(Saddle)	노출 배관에서 금속관을 조영재에 고정시키는 데 사용
노멀 벤드(Normal bend)	배관의 직각 굴곡에 사용
링 리듀서(Ring reducer)	금속을 아웃트렛 박스의 록 아웃에 취부할 때 록 아웃의 구멍이 관의 구멍보다 클 때 사용
유니버설 엘보우(Elbow)	노출 배관공사에 관을 직각으로 굽혀야 할 곳의 관 상호 접속 또는 관을 분기해야 할 곳에 사용 3방향으로 분기하는 T형, 4방향으로 분기하는 크로스 엘보우
터미널 캡(Terminal cap)	전동기에 접속하는 장소나 애자 사용 공사로 옮기는 장소의 관단에 사용
엔트런스 캡	인입구, 인출구의 관단에 설치하여 옥외의 빗물을 막는 데 사용
픽스처 스터드와 히키 (Fixture stud & hickey)	아웃트렛 박스에 조명기구를 부착시킬 때 사용, 무거운 기구취부
블랭크 와셔(Blank washer)	플로어 덕트의 정션 박스에 덕트를 접속하지 않는 곳을 막기 위하여 사용
유니버설 피딩(Universal elbow)	노출 배관시 L형 또는 T형으로 구부러지는 장소에 사용

버스덕트공사

1 버스덕트 시설

버스덕트공사에 의한 저압 옥내배선은 다음 각 호에 따라 시설하여야 한다.

① 덕트 상호 간 및 전선 상호 간은 견고하고 또한 전기적으로 완전하게 접속할 것

② 덕트를 조영재에 붙이는 경우에는 덕트의 지지점 간의 거리를 3[m](취급자 이외의 자가 출입할 수 없도록 설비한 곳에서 수직으로 붙이는 경우에는 6[m]) 이하로 하고 또한 견고하게 붙일 것

③ 덕트(환기형의 것을 제외한다)의 끝부분은 막을 것

④ 접지공사를 할 것

2 버스덕트의 종류

① 피더(feeder) 버스덕트 : 도중에 부하를 연결할 수 없는 구조

② 플러그인(plug in) 버스덕트 : 도중에 부하를 연결할 수 있는 구조

③ 트롤리 버스덕트 : 이동용 부하에 적합한 것

3 버스덕트의 선정

덕트의 최대폭[mm]	덕트의 관두께[mm]		
	강판	알루미늄판	합성수지판
150 이하	1.0	1.6	2.5
150 초과 300 이하	1.4	2.0	5.0
300 초과 500 이하	1.6	2.3	–
500 초과 700 이하	2.0	2.9	–
700 초과하는 것	2.3	3.2	–

케이블트렌치공사

① 케이블트렌치의 바닥 또는 측면에는 전선의 하중에 충분히 견디고 전선에 손상을 주지 않는 받침대를 설치할 것
② 케이블트렌치의 뚜껑, 받침대 등 금속재는 내식성의 재료이거나 방식처리를 할 것
③ 케이블트렌치 굴곡부 안쪽의 반경은 통과하는 전선의 허용곡률반경 이상이어야 하고 배선의 절연피복을 손상시킬 수 있는 돌기가 없는 구조일 것
④ 케이블트렌치의 뚜껑은 바닥 마감면과 평평하게 설치하고 장비의 하중 또는 통행 하중 등 충격에 의하여 변형되거나 파손되지 않도록 할 것
⑤ 케이블트렌치의 바닥 및 측면에는 방수처리하고 물이 고이지 않도록 할 것
⑥ 케이블트렌치는 외부에서 고형물이 들어가지 않도록 IP2X 이상으로 시설할 것

이론 요약

① 놉(노브)애자와 사용되는 전선의 최대 굵기

놉애자의 종류	전선의 최대 굵기[mm²]
소놉 애자	16
중놉 애자	50
대놉 애자	95
특대놉 애자	240

※ 애관 : 벽을 뚫고 그 사이로 전선이 지나가게 할 때에 절연하기 위하여 끼우는 관. 사기 등의 재질 사용

② 금속관공사(금속관 1본의 길이 : 3.66[m])

• 금속관의 규격

종류	관의 규격 (mm)
후강 전선관(짝수, 내경, G)	16 22 28 36 42 54 70 82 92 104
박강 전선관(홀수, 외경, C)	19 25 31 39 51 63 75
나사 없는 전선관(E)	19 25 31 39 51 63 75

• 금속관 공사용 부품

명칭	사용용도
로크너트	관과 박스를 접속하는 경우
부싱	전선 관단에 끼우고 전선을 넣거나 빼는 데 있어서 전선의 피복을 보호
커플링	금속관 상호 접속 관의 양측을 돌려서 접속할 수 없는 경우 : 유니온 커플링
새 들	노출 배관에서 금속관을 조영재에 고정시키는 데 사용
노멀 밴드	배관의 직각 굴곡에 사용
링 리듀서	금속관을 아웃트렛 박스의 록 아웃에 취부할 때 록 아웃의 구멍이 관의 구멍보다 클 때 사용
플로어 박스	바닥 밑으로 매입 배선할 때 사용
유니버설 엘보우	노출 배관공사에 관을 직각으로 굽혀야 할 곳의 관 상호 접속 또는 관을 분기해야 할 곳에 사용 3방향으로 분기하는 T형, 4방향으로 분기하는 크로스 엘보우
터미널 캡(서비스캡)	전동기에 접속하는 장소나 애자 공사로 옮기는 장소의 관단에 사용
엔트런스 캡(우에사캡)	인입구, 인출구의 관단에 설치, 옥외의 빗물을 막는 데 사용
픽스쳐 스터드와 히키	아웃트렛 박스에 조명기구를 부착시킬 때 사용, 무거운 기구취부
블랭크 와셔	플로어 덕트의 정션 박스에 덕트를 접속하지 않는 곳을 막기 위하여 사용
유니버설 피팅	노출 배관시 L형 또는 T형으로 구부러지는 장소에 사용

③ 케이블트렌치공사
- 케이블트렌치의 바닥 또는 측면에는 전선의 하중에 충분히 견디고 전선에 손상을 주지 않는 받침대를 설치할 것
- 케이블트렌치의 뚜껑, 받침대 등 금속재는 내식성의 재료이거나 방식처리를 할 것
- 케이블트렌치 굴곡부 안쪽의 반경은 통과하는 전선의 허용곡률반경 이상이어야 하고 배선의 절연피복을 손상시킬 수 있는 돌기가 없는 구조일 것
- 케이블트렌치의 뚜껑은 바닥 마감면과 평평하게 설치하고 장비의 하중 또는 통행 하중 등 충격에 의하여 변형되거나 파손되지 않도록 할 것
- 케이블트렌치의 바닥 및 측면에는 방수처리하고 물이 고이지 않도록 할 것
- 케이블트렌치는 외부에서 고형물이 들어가지 않도록 IP2X 이상으로 시설할 것

④ 버스덕트공사의 버스덕트 종류
- 피더 버스덕트 : 도중에 부하를 접속할 수 없도록 된 것
- 플러그 인 버스덕트 : 도중에 부하 접속용의 플러그를 시설한 것
- 트롤리 버스덕트 : 도중에 이동식 부하를 접속 할 수 있도록 트롤리 접촉식 구조로 된 것

CHAPTER 03 필수 기출문제

꼭! 나오는 문제만 간추린

01 다음에서 금속관공사의 특징이 아닌 것은?
① 완전히 접지할 수 있으므로 누전화재의 우려가 적다.
② 방폭공사를 할 수 있다.
③ 거의 모든 시설장소에 사용할 수 있다.
④ 내산, 내알칼리성이 있으므로 화학공장 등에 적합하다.

해설 금속관공사의 특징
• 완전히 접지할 수 있으므로 누전화재의 우려가 적다.
• 방폭공사를 할 수 있다.
• 거의 모든 시설장소에 사용할 수 있다.
• 부식의 우려가 있다(단점).

【답】④

02 금속관 1본의 표준 길이[m]는?
① 6　　　　　　　　　　② 5.5
③ 4　　　　　　　　　　④ 3.6

해설 금속관 1본의 길이 : 3.66[m]

【답】④

03 박강 전선관의 기호는?
① C　　　　　　　　　　② D
③ E　　　　　　　　　　④ G

해설 강제전선관의 규격(KSC 8401)

종류	관의 규격[mm]
후강 전선관(짝수, 내경, G)	16 22 28 36 42 54 70 82 92 104
박강 전선관(홀수, 외경, C)	19 25 31 39 51 63 75

【답】①

04 후강 전선관의 기호는?
① C　　　　　　　　　　② A
③ B　　　　　　　　　　④ G

해설 강제전선관의 규격(KSC 8401)

종류	관의 규격[mm]
후강 전선관(짝수, 내경, G)	16 22 28 36 42 54 70 82 92 104
박강 전선관(홀수, 외경, C)	19 25 31 39 51 63 75

【답】④

05 전선관(박강)의 굵기 가운데 공칭값[mm]이 아닌 것은?
① 15　　　　　　　　　　　② 19
③ 24　　　　　　　　　　　④ 31

해설 강제전선거관의 규격(KSC 8401)

종류	관의 규격[mm]
후강 전선관(짝수, 내경, G)	16 22 28 36 42 54 70 82 92 104
박강 전선관(홀수, 외경, C)	19 25 31 39 51 63 75

예전의 박강 전선관 치수에는 15[mm]가 있었음

【답】③

06 후강 전선관의 호칭이 아닌 것은?
① 36[mm]　　　　　　　　② 51[mm]
③ 54[mm]　　　　　　　　④ 92[mm]

해설 강제전선관의 규격(KSC 8401)

종류	관의 규격[mm]
후강 전선관(짝수, 내경, G)	16 22 28 36 42 54 70 82 92 104
박강 전선관(홀수, 외경, C)	19 25 31 39 51 63 75

【답】②

07 강제 전선관의 굵기를 표시하는 방법 설명 중 옳은 것은 어느 것인가?
① 후강은 내경, 박강은 외경을 [mm]로 표시한다.
② 후강, 박강의 외경을 [mm]로 표시한다.
③ 후강은 외경, 박강은 내경을 [mm]로 표시한다.
④ 후강, 박강의 내경을 [mm]로 표시한다.

해설 강제전선관의 규격(KSC 8401)

종류	관의 규격[mm]
후강 전선관(짝수, 내경, G)	16 22 28 36 42 54 70 82 92 104
박강 전선관(홀수, 외경, C)	19 25 31 39 51 63 75

【답】①

08 ★★★★★ 콘크리트 매입 금속관 공사에 이용하는 금속관의 두께는 최소 몇 [mm] 이상이어야 하는가?
① 1.0　　　　　　　　　　② 1.2
③ 1.5　　　　　　　　　　④ 2.0

해설 금속관의 두께
• **콘크리트 매입 시** : 1.2[mm] 이상
• 기타 : 1.0[mm] 이상

【답】②

09 전선관의 산화 방지를 위해 하는 도금은?
① 페인트　　② 니켈　　③ 아연　　④ 납

해설 전선관의 산화 방지 : 아연 도금이나 애나멜 등으로 피복

【답】③

10 박스에 덕트를 접속치 않는 곳을 막는 것에 사용하는 재료는?

① 앤드 플러그(End plug) ② 어댑터(Adapter)
③ 블랭크 와셔(Blank washer) ④ 드릴 와셔(Drill washer)

해설 블랭크 와셔(Blank Washer)
플로어 덕트의 정션 박스에 덕트를 접속하지 않는 곳을 막기 위하여 사용 【답】③

11 무거운 조명 기구를 파이프로 매달 때 사용하는 것은?

① 노멀 밴드 ② 엔트런스 캡
③ 픽스쳐스터드와 히키 ④ 파이프 행거

해설 픽스쳐 스터드와 히키(fixture stud & hickey)
아웃트렛 박스에 조명기구를 부착시킬 때 사용, 무거운 기구취부 【답】③

12 플로어 덕트 설치 그림(약식) 중 블랭크 와셔가 사용되어야 할 부분은?

① ① ② ②
③ ③ ④ ④

해설 블랭크 와셔(Blank Washer)
플로어 덕트의 정션 박스에 덕트를 접속하지 않는 곳을 막기 위하여 사용 【답】②

13 금속관의 부속품 중 전선관 상호의 접속용으로서 관이 고정되어 있을 때 또는 관 자체를 돌릴 수 없을 때 사용되는 것은?

① 부싱 ② 로크너트
③ 유니언 커플링 ④ 유니버셜

해설 금속관공사 부품
• 부싱 : 전선 관단에 끼우고 전선을 넣거나 빼는 데 있어서 전선의 피복을 보호하여 전선이 손상되지 않게 하는 것
• 로크너트 : 관과 박스를 접속하는 경우 파이프 나사를 죄어 고정시키는 데 사용
• 커플링 : 금속관 상호 접속 또는 관과 노멀 벤드와의 접속에 사용
• 유니언 커플링 : 관이 고정되어 있을 때 또는 관의 양측을 돌려서 접속할 수 없는 경우 사용 【답】③

14 강제 전선관공사 중 노출 배관공사에서 관을 직각으로 굽히는 곳에 사용한다. 3방향으로 분기할 수 있는 "T"형과 4방향으로 분기할 수 있는 크로스(Cross)형이 있는 자재는?

① 새들 ② 유니온 커플링
③ 유니버설 엘보우 ④ 노멀 벤드

해설 유니버설 엘보우
• 강제 전선관 공사 중 노출 배관공사에서 관을 직각으로 굽히는 곳에 사용
• T형(3방향 분기), Cross형(4방향 분기) 【답】③

15 전선의 손상을 방지하기 위하여 전선관 끝에 사용하는 것은?
① 와이어 커넥터　　　　　② 로크 너트
③ 커플링　　　　　　　　④ 부싱

해설　부싱 : 전선 관단에 끼우고 전선을 넣거나 빼는 데 있어서 **전선의 피복을 보호**하여 전선이 손상되지 않게 하는 것
【답】④

16 저압 가공인입선에서 금속관 공사로 옮겨지는 곳 또는 금속관으로부터 전선을 뽑아 전동기 단자 부분에 접속할 때 사용하는 부품은?
① 터미널 캡　　　　　　② 유니버설 엘보
③ 픽스처스터드　　　　　④ 유니온 커플링

해설　• 터미널캡 : 저압 가공 인입선에서 금속관 공사로 옮겨지는 곳 또는 금속관으로부터 전선을 뽑아 **전동기 단자 부분에 접속할 때 사용**
【답】①

17 엔트런스 캡의 주된 사용 장소는 다음 중 어느 것인가?
① 버스 덕트의 끝부분의 마감재
② 저압 인입선 공사 시 전선관 공사로 넘어갈 때 전선관의 끝부분
③ 케이블 트레이의 끝부분의 마감재
④ 케이블 헤드를 시공할 때 케이블 헤드의 끝부분

해설　엔트런스 캡 : 인입구, 인출구의 관단에 시설하여 빗물이나 먼지의 침입방지
【답】②

18 케이블트레이공사의 종류가 아닌 것은?
① 바닥밀폐형　　　　　　② 익스팬션형
③ 펀칭형　　　　　　　　④ 사다리형

해설　(KEC 232.41조) 케이블트레이공사
케이블트레이공사는 케이블을 지지하기 위하여 사용하는 금속재 또는 불연성 재료로 제작된 유닛 또는 유닛의 집합체 및 그에 부속하는 부속재 등으로 구성된 견고한 구조물을 말하며 사다리형, 펀칭형, 그물망형, 바닥밀폐형 기타 이와 유사한 구조물을 포함하여 적용한다.
【답】②

19 대용량의 변압기와 큐비클 간의 저압 간선용으로 가장 적당한 재료는?
① 플로어 덕트　　　　　② 버스 덕트
③ VCT 케이블　　　　　④ IV 전선

해설　대용량의 변압기와 큐비클간의 저압 간선용 : 버스덕트(Bus Duct)
【답】②

20 실내의 변압기와 배전반 사이나 분전반 사이의 간선에서 분기접점이 없는 전선로에 사용하는 덕트는?
① 피더 버스 덕트　　　　② 트롤리 버스 덕트
③ 플러그인 버스 덕트　　④ 와이어 덕트

해설　(내선규정 제2,245-2조) 버스 덕트의 종류
　• 피더 버스 덕트 : 덕트의 도중에 분기점 없음

- 플러그인 버스 덕트 : 덕트의 도중에 분기가 가능한 것
- 트롤리 버스 덕트 : 이동용

【답】①

CHAPTER 04 가공인입선 및 배전선로공사

지지물·장주와 건주·애자(Insulator)·지지선·건주

지지물

지지물은 전선을 지지하기 위한 시설이며 지지물의 종류는 목주, 철주, 철근 콘크리트주, 철탑이 사용된다.

1 철탑
주로 송전용에 사용

2 철근 콘크리트주
주로 배전용(22.9[kV] : 보통은 10[m] 이상이고, 기기를 장치하는 것은 12[m] 이상)

장주

1 완금(완철)
완금은 전주에 설치하여 애자와 전선을 취부하는 것으로 경완금, ㄱ형 완금이 사용된다. 가공 전선로의 장주에 사용되는 완금의 표준길이[mm]는 다음과 같다.

전선의 조수	특고압	고압	저압
2	1,800	1,400	900
3	2,400	1,800	1,400

2 각종 밴드
① 행거밴드 : 전주 자체에 변압기를 고정시키기 위한 밴드
② 지지선밴드 : 전주에 지지선을 고정시키기 위한 밴드
③ 완금밴드 : 완금을 전주에 설치하는 데 필요한 밴드
④ 암타이밴드 : 완금에 암타이를 고정시키기 위한 밴드

애자(Insulator)

애자는 전선을 전기적으로 절연시켜 지지물에 취부하기 위하여 사용되는 절연체를 말한다.

1 애자의 구비조건
- 절연 내력이 클 것
- 기계적 강도가 클 것
- 절연 저항이 클 것(누설전류가 적을 것)
- 정전용량이 작을 것
- 경제적일 것

2 애자의 분류
① 핀애자 : 갓모양의 자기편 또는 유리편을 2~4층으로 하여 시멘트로 접합하여 60[kV] 이하의 선로나 기존의 22[kV] 선로에만 주로 사용된다.

현재 배전선로는 기존의 핀애자에서 라인포스트애자(Line Post)로 대체 되고 있다.

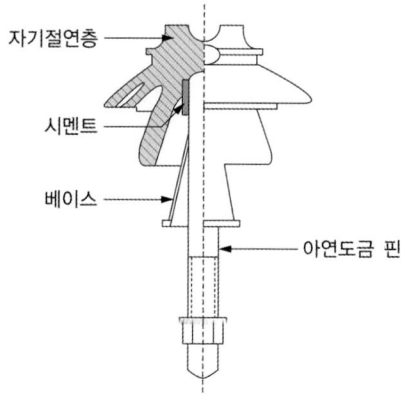

② 현수애자 : 원판형의 절연체 상하에 연결금구를 시멘트로 부착시켜 제작하며 연결 금구의 모양에 따라 크레비스형과 볼소켓형이 있다.

크기는 주로 250(254)[mm]가 사용된다.

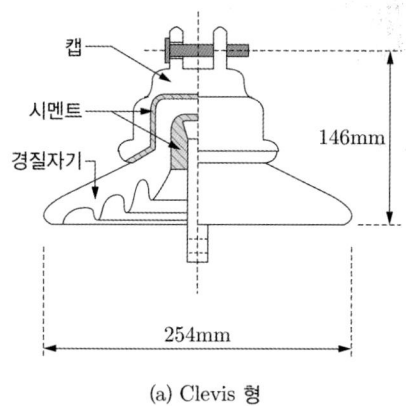 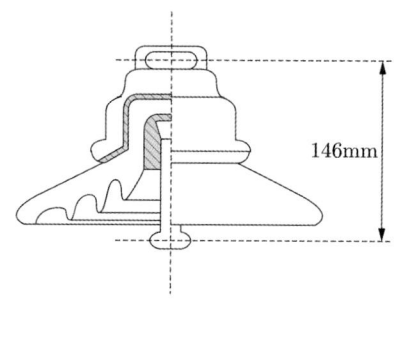

(a) Clevis 형　　　　　　　　　(b) Ball Socket 형

이러한 현수애자는 다음과 같은 특징을 가진다.
- 연결개수를 가감함으로써 임의의 전압에 사용할 수 있다.
- 큰 하중에는 2련, 3련으로 사용한다.

전압별 현수애자수는 다음과 같다.

전압[kV]	22.9	66	154	345	765
애자개수	2~3	4~6	10~11	18~23	38~43

③ 지지애자(Post Insulation) : 지지애자는 주로 변전소, 발전소에 사용되는 SP(Station Post)형과 선로용 지지애자로 사용되는 LP(라인 포스트, Line Post)형으로 나눈다.
④ 장간애자 : 많은 갓을 가지고 있는 원통형의 긴 애자로 구조의 특성상 절연열화가 거의 없고 비에 대한 세척효과가 우수하다.
⑤ 내무애자 : 현수애자와 같은 모양이나 절연체 밑부분의 굴곡을 길게 하여 연면거리(누설거리)를 길게 한 애자로서 염해 방지용으로 사용된다.

③ 애자의 색상

애자의 종류	색별
특고압용 핀 애자	적색
저압용 애자(접지측 제외)	백색
접지측 애자	청색

④ 애자의 연결 방법

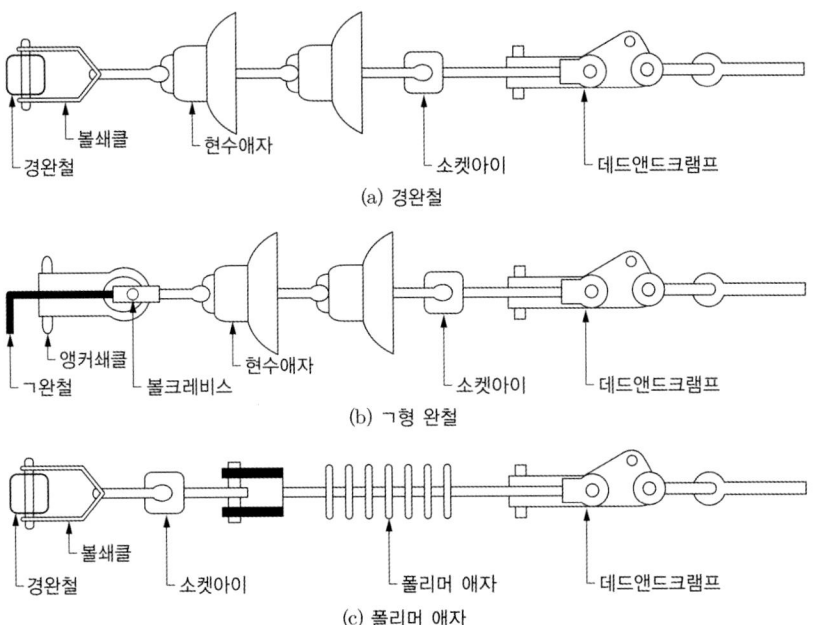

지지선

지지선은 지지물의 강도보강을 위해서 시설하는 것으로, 설치 규정은 다음과 같다.

1 설치 규정

① 안전율은 2.5 이상일 것. 이 경우에 허용 인장하중의 최저는 4.31[kN]으로 한다.

② 소선 3가닥 이상의 연선일 것

③ 소선의 지름이 2.6[mm] 이상의 금속선을 사용한 것일 것. 다만, 소선의 지름이 2[mm] 이상인 아연도 강연선으로서 소선의 인장강도가 0.68[kN/mm^2] 이상인 것을 사용하는 경우에는 그러하지 아니하다.

④ 지중부분 및 지표상 0.3[m]까지의 부분에는 내식성이 있는 것 또는 아연도금을 한 철봉을 사용하고 쉽게 부식되지 아니하는 전주 버팀대에 견고하게 붙일 것. 다만, 목주에 시설하는 지지선에 대해서는 그러하지 아니하다.

⑤ 전주 버팀대는 지지선의 인장하중에 충분히 견디도록 시설할 것

이론 요약

① 철근 콘크리트주의 최소 길이(22.9[kV])
- 보통 10[m] 이상
- 기기를 장치하는 경우 12[m] 이상

② 완금의 표준길이[mm]

전선의 조수	특고압	고압	저압
2	1,800	1,400	900
3	2,400	1,800	1,400

※ 경완철에 현수애자를 설치할 경우의 연결 순서

경완철 – 볼쇄클 – 현수애자 – 소켓아이 – 데드앤드크램프

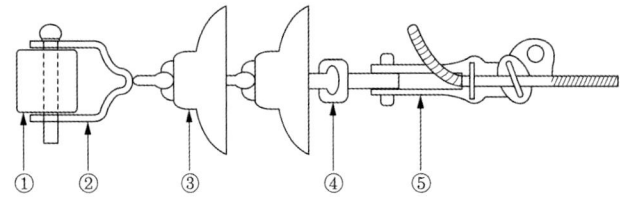

① ② ③ ④ ⑤

③ 각종 밴드
- 행거밴드 : 전주 자체에 변압기를 고정시키기 위한 밴드
- 지지선밴드 : 전주에 지지선을 고정시키기 위한 밴드
- 완금밴드 : 완금을 전주에 설치하는 데 필요한 밴드
- 암타이밴드 : 완금에 암타이를 고정시키기 위한 밴드

④ 애자의 색상

애자의 종류	색별
특고압용 핀 애자	적색
저압용 애자(접지측 제외)	백색
접지측 애자	청색

⑤ 현수애자 : 경질 자기제 상하에 연결금구를 시멘트로 접착시켜 만든 것으로 전압에 따라 연결개수 가감하며 큰 하중에는 2련이나 3련으로 시설 가능, 크래비스형과 볼소켓형

CHAPTER 04 필수 기출문제

꼭! 나오는 문제만 간추린

01 가공 전선로의 지지물 중 가공배전선로에 주로 사용되는 지지물은 어떤 것인가?
① 철근 콘크리트주
② 배전용 강관주
③ 철주
④ 철탑

해설
- 철탑, 철주 : 주로 송전용에 사용
- **철근 콘크리트주 : 주로 배전용**(22.9[kV] : 보통은 10[m] 이상이고, 기기를 장치하는 것은 12[m] 이상)
- 배전용 강관조립주 : 철근 콘크리트주를 시설하기 어려운 장소에 시설

【답】①

02 22.9[kV] 배전선을 시가지에 시설하는 경우에 철근 콘크리트주의 최소 길이는?
① 8[m]
② 9[m]
③ 10[m]
④ 12[m]

해설 철근 콘크리트주 : 주로 배전용(22.9[kV]. **보통은 10[m] 이상**이고, 기기를 장치하는 것은 12[m] 이상)

【답】③

03 폴 스탭이라 불리우는 자재는?
① 전주에 오를 때 필요한 디딤 볼트
② 주상용 개폐기의 조작 핸들 지지 볼트
③ 전주에 부착되는 pipe 또는 케이블을 전주에 고정시키기 위한 금구
④ 전주에 완금을 고정시기기 위한 금구

해설 폴 스탭
- 전주에 오를 때 필요한 디딤 볼트
- 1.8[m] 이상에 설치

【답】①

04 지주용 자재에서 ㄱ형 완금 규격[mm]이 아닌 것은?
① 900
② 1,800
③ 1,600
④ 2,400

해설 가공 전선로의 장주에 사용되는 완금의 표준길이[mm]

전선의 조수	특고압	고압	저압
2	1,800	1,400	900
3	2,400	1,800	1,400

【답】③

05 ★★★★★
22.9[kV] 가공 전선로에서 3상 4선식 선로의 직선주에 사용되는 완금의 길이는 얼마가 표준으로 되어 있는가?
① 900[mm]
② 1,400[mm]
③ 1,800[mm]
④ 2,400[mm]

해설 가공 전선로의 장주에 사용되는 완금의 표준길이[mm]

전선의 조수	특고압	고압	저압
2	1,800	1,400	900
3	2,400	1,800	1,400

여기서, 22.9[kV] 가공 전선로에서 3상 4선식은 중성선을 제외하고 완금에는 3조의 전선이 사용된다. 【답】 ④

06 가공 전선로에서 6,600[V] 고압선 3조를 수평으로 배열하기 위한 완금의 길이[mm]는?
① 2,400
② 1,800
③ 1,400
④ 900

해설 가공 전선로의 장주에 사용되는 완금의 표준길이[mm]

전선의 조수	특고압	**고압**	저압
2	1,800	1,400	900
3	2,400	**1,800**	1,400

【답】②

07 ★★★★★ 행거밴드라 함은?
① 전주에 C.O.S 또는 피뢰기를 고정시키기 위한 밴드
② 완금을 전주에 설치하는 데 필요한 밴드
③ 완금에 암타이를 고정시키기 위한 밴드
④ 전주 자체에 변압기를 고정시키기 위한 밴드

해설
- 행거밴드 : 전주 자체에 변압기를 고정시키기 위한 밴드
- 지지선밴드 : 전주에 지지선을 고정시키기 위한 밴드
- 완금밴드 : 완금을 전주에 설치하는 데 필요한 밴드
- 암타이밴드 : 완금에 암타이를 고정시키기 위한 밴드

【답】④

08 가선 전압에 의하여 정해지고 대지와 통신선 사이에 유도되는 것은?
① 정전 유도
② 전자 유도
③ 자기 유도
④ 전해 유도

해설 전자 유도 장해는 영상 전류에 의해 발생하므로 전선과 대지 사이에 있는 통신선에 유도되는 것이다. 【답】①

09 저압 핀 애자의 종류가 아닌 것은?
① 저압 소형 핀 애자
② 저압 중형 핀 애자
③ 저압 대형 핀 애자
④ 저압 특대형 핀 애자

해설 (내선규정 제2,270-1조) 저압 핀 애자의 종류 및 전선 굵기
- 저압 소형 핀 애자 : 50[mm²]
- 저압 중형 핀 애자 : 95[mm²]
- 저압 대형 핀 애자 : 185[mm²]

【답】④

10 저압인류애자에는 전압선용과 중성선용이 있다. 각 용도별 색상의 연결이 바르게 된 것은?
① 전압선용 : 백색, 중성선용 : 녹색
② 전압선용 : 녹색, 중성선용 : 백색
③ 전압선용 : 적색, 중성선용 : 백색
④ 전압선용 : 청색, 중성선용 : 백색

해설 저압인류애자 : 저압가공배전선로 및 인입선에 사용
- 전압선용 : 백색
- 중성선용 : 녹색

【답】①

11 가공선을 지지하는 특고압 애자의 재료로 쓰이지 않는 것은?
① 자기
② Glass
③ 에폭시
④ PVC

해설 특고압 애자의 재료
- 자기
- 유리(Glass)
- 에폭시

【답】④

12 송배전용 전기철도용의 전선로 및 발변전소와 통신선로의 잡아당김용으로 사용하며, 또한 자기에 주철재의 캡과 강철재의 핀 또는 틀을 끼워 양질의 시멘트를 점착시킨 것으로 사용전압에 따라 적당한 개수를 연결하여 사용하고 있고 지름은 대략 254[mm], 191[mm]가 있다. 어떤 애자인가?
① 핀애자
② 지지애자
③ 현수애자
④ 경간애자

해설 현수애자의 특징
- 연결개수를 가감함으로써 임의의 전압에 사용 가능
- 큰 하중에 대해서는 2련이나 3련으로 구성
- 지름은 대략 254[mm], 191[mm]

【답】③

13 애자의 형상에 의한 분류로서 내무애자란 다음 중 어느 것인가?
① 노부애자의 일종으로서 저압옥내 애자이다.
② 분진 또는 염해에 의한 섬락 사고를 방지하기 위한 송전용 애자이다.
③ 선로용으로서 점퍼선의 지지용으로 사용되는 애자이다.
④ 현수애자의 일종으로서 크레비스형의 애자이다.

해설 내무애자
- 분진 또는 염해에 의한 섬락 사고를 방지하기 위한 송전용 애자
- 현수애자의 형상에 누설길이를 길게 만든 애자

【답】②

14 154[kV], 송전선로에 사용하는 현수애자 일련의 개수는 몇 개인가?
① 4~5
② 6~7
③ 8~9
④ 10~11

해설 현수애자의 개수
- 22.9[kV] : 2~3개
- 66[kV] : 4~6개
- **154[kV] : 10~11개**
- 345[kV] : 18~23개

【답】④

15 장주 재료 중 버팀대의 시공 방법이 옳은 것은 다음 중 어느 것인가?
① 전주 버팀대 및 지지선 버팀대는 공히 "U" BOLT로 조합하여 시공한다.
② 전주 버팀대 및 지지선 버팀대는 "U" BOLT 또는 로트 중 현장 요건에 따라 선택하여 시공한다.
③ 전주 버팀대 및 지지선 버팀대는 공히 로트로 조합하여 시공한다.
④ 전주 버팀대는 "U" BOLT로 지지선 버팀대는 로트로 조합하여 시공한다.

해설
- 전주 버팀대 : "U" BOLT 사용
- 지지선 버팀대 : 지지선 롯트 사용

【답】 ④

16 ★★★★★ 지지물(전주 등)의 강도 보강 및 불평형 하중에 대한 평형 유지를 목적으로 설치하는 것은?
① 소켓아이 ② 지지선
③ 볼아이   ④ 볼쇄클

해설
지지선 : 지물의 강도 보강, 불평형 하중에 대한 평형유지

【답】 ②

17 ★★★★★ 지지선으로 사용되는 전선의 종류는?
① 강심 알루미늄선 ② 아연 도금철선
③ 경동선   ④ 알루미늄선

해설
(KEC 331.11조) 지지선의 시설
소선의 지름이 2.6[mm] 이상의 금속선을 사용한 것일 것. 다만, 소선의 지름이 2[mm] 이상인 **아연도강연선**으로서 소선의 인장강도가 0.68[kN/mm²] 이상인 것을 사용하는 경우에는 그러하지 아니하다.

【답】 ②

18 지지선과 지지선용 버팀대를 연결하는 금구는?
① 지지선 밴드 ② 지지선 롯트
③ U 볼트   ④ 볼쇄클

해설
- 지지선 밴드 : 지지선을 지지물에 부착할 때 사용하는 금구류
- **지지선 롯트 : 지지선과 전주 버팀대를 연결시키는 금구**
- U 볼트 : 전주 버팀대를 전주에 부착시키는 금구
- 볼쇄클 : 현수애자를 완금에 내장으로 시공할 때 사용하는 금구류

【답】 ②

19 ★★★★★ 네온 전선을 조영재에 지지하는 애자는?
① 특캡 애자   ② 코드 서포트
③ 고압 핀 애자 ④ 노브 서포트

해설
- 코드 서포트(code support) : (네온) 전선을 지지
- 튜브 서포트(tube support) : (네온)관을 지지

【답】 ②

CHAPTER 05 고압 및 저압 배전반 공사

주상 변압기 보호 설비 · 변성기의 종류 · 큐비클(폐쇄식 배전반) · 전력용 개폐장치 · 차단기의 종류 · 전력용 퓨즈(P.F : Power Fuse) · 보호계전기의 종류

주상 변압기 보호 설비

1 COS(Cut Out Switch : 컷 아웃 스위치)
컷 아웃 스위치는 변압기 1차측에 시설하여 변압기 보호하는 설비이다.

2 캐치홀더(Catch holder)
캐치홀더는 저압 가공 인입 시 변압기 2차측에 설치하는 퓨즈로서 비접지측 전선에 직렬로 시설한다.

변성기의 종류

계기용 변성기에는 전력수급용 계기용 변성기, 계기용 변압기, 변류기 등이 있으며 다음과 같다.

1 전력수급용 계기용 변성기(MOF : Metering Out Fit)
전력량계를 위한 PT와 CT를 한 탱크 안에 넣은 것

2 계기용 변압기(PT : Potential Transformer)
① 고전압을 저전압으로 변성하여 계기나 계전기에 공급하기 위한 목적으로 사용한다.

② 2차 전압은 110[V]

3 변류기(CT : Current Transformer)
① 회로의 대전류를 소전류로 변성하여 계기나 계전기에 공급하기 위한 목적으로 사용 한다.

② 점검 시 : 2차측 단락(2차측 과전압 보호, 2차측 절연보호)한다.

③ 변류비 계산은 다음과 같다.

$$I_2 = I_1 \times (1.25 \sim 1.5)/5$$

큐비클(폐쇄식 배전반)

큐비클은 폐쇄식 배전반이라 하며 배전반의 옆면 및 뒷면을 폐쇄하여 만든 것으로 모선, 계기용 변성기, 차단기 등을 하나의 함 내에 시설한 것으로 종류는 다음과 같다.

큐비클의 종류

종류	수전 용량	주 차단기
CB형	500[kVA] 이하	차단기를 사용한 것
PF-CB형	500[kVA] 이하	한류형 전력 퓨즈와 차단기를 조합 사용한 것
PF-S형	300[kVA] 이하	PF와 고압 개폐기를 사용한 것

전력용 개폐장치

1. **단로기**(DS : Disconnecting Switch)

   단로기는 무부하 회로 개폐 장치로서 고장전류 및 부하전류도 개폐할 수 없다. 그러나 무부하 충전전류 및 변압기 여자전류는 개폐가 가능하다.

2. **개폐기**

   개폐기는 부하개폐는 가능하나 고장전류 차단을 할 수 없는 것으로 종류에는 유입개폐기, 부하개폐기 등이 있다.

3. **차단기**(CB : Circuit Breaker)

   차단기는 정상적인 부하 전류 개폐뿐만 아니라 고장 전류 차단할 수 있는 차단능력을 가진다.

4. **인터록**(Interlock)

   ① 인터록(Interlock) : 차단기가 열려있어야만 단로기 조작 가능
   ② 급전 시 : DS → CB
   　정전 시 : CB → DS

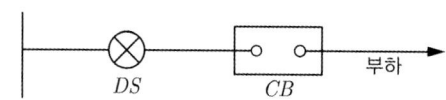

차단기의 종류

1 저압용 차단기

① ACB : 기중차단기

② MCCB(NFB) : 배선 차단기

③ ELB : 누전차단기

2 고압이나 특고압용 차단기의 종류

일반적으로 사용하고 있는 차단기는 아크의 소호방법에 따라 다음과 같은 종류가 있다.

① 유입 차단기(OCB, Oil Circuit Breaker)
- 소호매질 : 절연유
- 화재우려가 있다(옥내에 사용 금지).

② 진공 차단기(VCB, Vacuum Circuit Breaker)
- 소호매질 : 진공
- 소형, 경량
- 차단성능이 우수하나 개폐서지 발생 우려

③ 공기차단기(ABB, Air Blast Circuit Breaker)
- 소호매질 : 압축공기(임펄스차단기)
- 차단 시 소음이 크다.

④ 가스차단기(GCB, Gas Circuit Breaker)
- 소호매질 : SF_6
- 밀폐구조로 소음이 적고 신뢰성이 우수
- 절연내력이 우수하여 차단기 소형화 가능
- 현재 154, 345[kV] 선로에 사용

여기서, SF_6 가스의 특징은 다음과 같다.
- 무색, 무취, 무독성이다.
- 난연성, 불활성 가스이다.
- 소호능력이 공기의 100~200배가 된다.
- 절연내력이 공기의 2~3배가 된다.

⑤ 자기차단기(MBB, Magnetic Blast Circuit Breaker)
- 소호매질 : 자계의 전자력

전력용 퓨즈(P.F : Power Fuse)

1 주목적
고전압 회로 및 기기의 단락 보호용으로 사용

2 전력용 퓨즈의 장점
- 소형, 경량이다.
- 차단 용량이 크다.
- 유지, 보수가 간단하다.
- 가격이 저렴하다.
- 정전용량이 작다.

3 단점
- 재투입이 불가능하다.
- 과도 전류에 용단되기 쉽다.
- 한류 형은 차단 시 과전압 유기할 수 있다.
- 계전기처럼 시한 특성을 자유롭게 할 수 없다.

4 퓨즈의 특성
- 용단특성
- 전차단특성
- 단시간 허용특성

5 전력용 퓨즈의 종류
① 방출형
카트리지에 개구부가 있고, 차단 시에 아크가 이 개구부에서 방출 가용편이 스프링으로 당겨지며, 용단(溶斷) 시에 끊어지게 된다.

② 한류형
가는 은선을 석영입자(石英粒子)속에 매립하여 아크에너지를 이것으로 흡수 냉각하여 소호(消弧)하는 것이다.

6 용단특성에 따른 퓨즈

퓨즈의 종류	불용단 전류	용단특성		저항
		10[s] 용단특성	0.1[s] 용단특성	
T (변압기용)	1.3I_n에서 2시간 불용단	$2.5I_n \leq I_{10} \leq 10I_n$	$12I_n \leq I_{0.1} \leq 25I_n$	$10I_n \leq 0.1[s]$에서 100회 불용단
M (전동기용)		$6I_n \leq I_{10} \leq 10I_n$	$15I_n \leq I_{0.1} \leq 35I_n$	$5I_n \leq 10[s]$에서 1,000회 불용단
G (일반부하용)		$2I_n \leq I_{10} \leq 5I_n$	$7I_n \times (I_n/100)^{0.25} \leq I_{0.1} \leq 20I_N \times (I_n/100)^{0.25}$	
C (콘덴서용)		60[s] 용단전류 $\leq 10I_n$		$70I_n \leq 0.02[s]$에서 100회 불용단

보호계전기의 종류

보호계전기의 종류와 특성은 다음과 같다.

1 과전류 계전기(O.C.R)
정정값 이상의 전류가 흐르면 동작

2 지락 과전류 계전기(O.C.G.R)
지락 사고 시 정정값 이상의 전류가 흐르면 동작

3 과전압 계전기(O.V.R)
정정값 이상의 전압이 발생하면 동작

4 지락 과전압 계전기(O.V.G.R)
지락 사고 시 정정값 이상의 전압이 발생하면 동작

5 부족 전압 계전기(U.V.R)
정정값 이하의 전압이 발생하면 동작(상시전원 정전 시)

6 차동 계전기 (DfR)
양쪽 전류의 차로 동작

7 비율 차동 계전기 (RDfR)
발, 변압기 층간, 단락 보호(내부고장 보호)

8 부흐홀츠 계전기
- 변압기 보호로 콘서베이터와 파이프 도중에 연결
- 변압기 내부고장 보호용

이론 요약

① 주상 변압기 보호 설비
- COS(컷 아웃 스위치) : 변압기 1차 측에 시설하여 변압기 보호
  COS 설치에서 사용 재료 : 브라켓, 내오손용 결합애자, 퓨즈링크
  앵글 베이스(또는 U좌급) : 완금 또는 앵글류의 지지물에 COS 또는 핀 애자를 고정
- 캐치홀더 : 변압기 2차 측에 설치하는 퓨즈로서 비접지측 전선에 직렬로 시설

② 큐비클의 종류

종류	수전 용량	주 차단기
CB형	500 [kVA] 이하	차단기를 사용한 것
PF-CB형	500 [kVA] 이하	한류형 전력 퓨즈와 차단기를 조합 사용한 것
PF-S형	300 [kVA] 이하	PF와 고압 개폐기를 사용한 것

③ 보호계전기의 종류
- OCGR(Over Current Ground Relay) : 지락과전류계전기
- DGR(Directional Ground Relay) : 방향지락계전기
- RDR(Ratio Differential Relay) : 비율차동계전기

④ 전력퓨즈 : 단락 보호

⑤ 전력용개폐장치
- 단로기(DS) : 무부하전류개폐
- 개폐기 : 부하개폐, 사고차단 불능
- 차단기(CB) : 부하개폐, 사고차단

⑥ 용단특성에 따른 퓨즈

퓨즈의 종류	불용단 전류	용단특성 10[s] 용단특성	용단특성 0.1[s] 용단특성	저항
T (변압기용)	1.3I_n에서 2시간 불용단	$2.5I_n \leq I_{10} \leq 10I_n$	$12I_n \leq I_{0.1} \leq 25I_n$	$10I_n \leq 0.1[s]$에서 100회 불용단
M (전동기용)		$6I_n \leq I_{10} \leq 10I_n$	$15I_n \leq I_{0.1} \leq 35I_n$	$5I_n \leq 10[s]$에서 1,000회 불용단
G (일반부하용)		$2I_n \leq I_{10} \leq 5I_n$	$7I_n \times (I_n/100)^{0.25} \leq I_{0.1} \leq 20I_N \times (I_n/100)^{0.25}$	
C (콘덴서용)		60[s] 용단전류 $\leq 10I_n$		$70I_n \leq 0.02[s]$에서 100회 불용단

CHAPTER 05 필수 기출문제

꼭! 나오는 문제만 간추린

01 캐치홀더란?
① 저압 가공 인입시 변압기 2차측에 설치하는 퓨즈이다.
② 가공 전선을 핀 애자에 고정시키기 위한 바인드 선의 일종이다.
③ 고압 또는 특고압의 변압기 1차측에 설치하는 컷 아웃 스위치이다.
④ 전주 보강을 위하여 지지선을 설치할 때 필요한 지지선용 부속 자재이다.

해설
- 캐치홀더(Catch Holder) : 저압 가공 인입시 변압기 2차측에 설치하는 퓨즈
- 컷 아웃 스위치(Cut Out Switch, COS) : 변압기 1차측 보호설비

【답】①

02 변성기의 종류가 아닌 것은?
① PT
② PBS
③ GPT
④ PCT

해설
- PT : 계기용 변압기
- GPT : 접지형 계기용 변압기
- CT : 변류기
- ZCT : 영상변류기
- PCT : 계기용 변압변류기

여기서, PBS(Push Button Switch)는 누름버튼 스위치이다.

【답】②

03 전기기기 중 MOF라는 것은 무엇인가?
① 계기용 변류기
② 계기용 변압기
③ 계기용 변압기, 변류기를 함께 조합한 것
④ 계기류의 총칭

해설
MOF(Metering Out Fit) : 전력수급용 계기용 변성기
- 전력량계를 위한 PT와 CT를 한 탱크 안에 넣은 것

【답】③

04 고압 수용가의 수전설비로서 사용되는 큐비클로써 그 종류가 잘못된 것은 어느 것인가?
① CB형
② PF · CB형
③ PF · S형
④ PF형

해설
큐비클(폐쇄식 배전반)
- 배전반의 옆면 및 뒷면을 폐쇄하여 만든 것으로 모선, 계기용, 변성기, 차단기 등을 하나의 함내에 시설한 것
- 큐비클의 종류

종류	수전 용량	주 차단기
CB형	500[kVA] 이하	차단기를 사용한 것
PF · CB형	500[kVA] 이하	한류형 전력 퓨즈와 차단기를 조합 사용한 것
PF · S형	300[kVA] 이하	PF와 고압 개폐기를 사용한 것

【답】④

05 큐비클의 정식 호칭은?

① 라이브 프런트 배전반　　② 폐쇄 배전반
③ 데드 프런트 배전반　　　④ 포스트 배전반

해설　큐비클(폐쇄식 배전반)
배전반의 옆면 및 뒷면을 폐쇄하여 만든 것으로 모선, 계기용 변성기, 차단기 등을 하나의 함내에 시설한 것　【답】②

06 고압 또는 특고압 전로 중 기계 기구 및 전선을 보호하기 위해 필요한 곳에는 무엇을 시설하여야 하는가?

① 저항기　　　　　　　　② 전력용 콘덴서
③ 리액터　　　　　　　　④ 과전류 차단기

해설　과전류 차단기
고압 또는 특고압 전로 중 기계 기구 및 전선을 보호하기 위해 필요한 곳에 시설　【답】④

07 아래 재료 중 차단기의 종류가 아닌 것은?

① Lightning Arrestor　　　② Air Circuit Breaker
③ Oil Circuit Breaker　　　④ Gas Circuit Breaker

해설
• 피뢰기(LA : lightning arrestor)
• 기중 차단기(ACB : air circuit breaker)
• 유입 차단기(OCB : oil circuit breaker)
• 가스차단기(GCB : gas circuit breaker)　【답】①

08 고압 교류 차단기(3.3[kV] 혹은 6.6[kV]급)에 사용되는 것이 아닌 것은?

① 유입 차단기　　　　　　② 공기차단기
③ 진공 차단기　　　　　　④ 디스커넥팅 스위치

해설　디스커넥팅 스위치(DS : Disconnecting Switch)
• 무부하 회로개폐　【답】④

09 다음은 고압차단기의 특성으로 아크와 차단전류에 의해서 만들어지는 자계와의 사이의 전자력에 의해서 아크를 소호실로 끌어넣어 차단하는 구조로 2단식 설치가 가능한 차단기는?

① VCB　　　　　　　　　② ACB
③ MOCB　　　　　　　　④ MBB

해설　MBB(자기차단기)
• 보수 점검 용이
• 전류 절단에 의한 과전압이 발생하지 않는다.
• 고유 주파수에 차단 능력이 좌우되는 일이 없다.
• 소호 매질 : 전자력　【답】④

10 저압 차단기가 아닌 것은?

① OCB　　　　　　　　　② ACB
③ MCCB　　　　　　　　④ ELB

해설 저압용 차단기
• ACB : 기중차단기
• MCCB(NFB) : 배선 차단기
• ELB : 누전차단기
여기서, OCB(유입 차단기)는 고압이나 특고압용 차단기이다. 【답】①

11 연쇄 노점의 조명 시설에 전기를 공급하는 전로에는 무엇을 시설하여야 하는가?
① 단로기   ② 누전차단기
③ 기중 차단기   ④ 배선 차단기

해설 누전차단기(Earth leakage breaker) 시설 장소
• 물 등 도전성이 높은 장소
• 철판, 철골 위 등 도전성이 높은 장소
• 기타 장소(감전위험이 높은 장소(도로, 노상)) 【답】②

12 ★★★★★
특고압 또는 고압 회로 및 기기의 단락 보호 능력을 갖는 것은?
① 플러그 퓨즈   ② 통형 퓨즈
③ 고리 퓨즈   ④ 전력 퓨즈

해설 전력용 퓨즈(PF, Power Fuse) : 단락전류 차단(특고압, 고압에 사용)
용단 특성, 전차단 특성, 단시간 허용 특성 【답】④

13 전력퓨즈의 특성으로 옳지 않은 것은?
① 고속도차단이 가능하다.   ② 후비보호가 가능하다.
③ 한류형은 차단시 과전압을 유기한다.   ④ 고임피던스 접지계통의 접지보호가 가능하다.

해설 전력 퓨즈(PF : Power Fuse) : 단락전류 차단
장 점 : ① 소형, 경량
② 차단 용량이 크다.
단 점 : ① 재투입이 불가능
② 과도 전류에 용단되기 쉽다.
③ 한류 형은 차단 시 과전압 유기
④ 계전기처럼 시한 특성을 자유롭게 할 수 없다. 【답】④

14 개폐기부의 재료가 아닌 것은?
① GPT   ② LBS
③ OS   ④ DS

해설
• GPT : 접지형 계기용 변압기 : 영상전압 검출
• LBS : 부하 개폐기
• OS : 유입 개폐기
• DS : 단로기 【답】①

15 계전기류가 아닌 것은?
① PF   ② OCR
③ OVR   ④ GR

해설 계전기(Relay)

- OCR(Over Current Relay) : 과전류계전기
- OVR(Over Voltage Relay) : 과전압계전기
- GR(Ground Relay) : 지락계전기

PF(Power Fuse)는 전력용 퓨즈이다.

【답】①

16 영상 변류기와 조합하여 사용하는 것은?

① 지락 계전기　　　　　　　② 무효 전력계
③ 차동 계전기　　　　　　　④ 과전류 계전기

해설　영상변류기(ZCT)
- 영상(지락)전류 검출
- 지락 계전기와 연결

【답】①

17 다음 변전소 시설 중 지락고장 검출용으로 적당치 않은 것은 어떤 것인가?

① ZCT　　　　　　　　　　② GR
③ GPT　　　　　　　　　　④ OCR

해설
- ZCT : 영상 변류기(지락전류 검출)
- GPT : 접지형 계시용 변압기(영상 전압 검출)
- OCR(과전류 계전기) : 과전류에 동작하여 차단기 트립코일 여자

【답】④

18 보호계전기의 종류가 아닌 것은?

① ASS　　　　　　　　　　② OCGR
③ DGR　　　　　　　　　　④ SGR

해설　계전기(Relay)
- OCGR(Over Current Ground Relay) : 지락과전류계전기
- DGR(Directional Ground Relay) : 방향지락계전기
- SGR(Selective Ground Relay) : 선택지락계전기

【답】①

19 발전기나 주변압기의 내부고장에 대한 보호용으로 가장 적당한 계전기는?

① 차동 전류 계전기　　　　　② 과전류 계전기
③ 비율 차동 계전기　　　　　④ 온도 계전기

해설　기기보호
- 차동 계전기(DfR) : 양쪽 전류의 차로 동작
- 비율 차동 계전기(RDfR) : 발, 변압기 층간, 단락 보호

【답】③

20 다음 중 보호계전기가 아닌 것은?

① OCR　　　　　　　　　　② OVR
③ RPR　　　　　　　　　　④ ZCT

해설
- OCR : 과전류 계전기
- OVR : 과전압 계전기
- RPR : 역전력 계전기
- ZCT : 영상 변류기(영상(지락)전류 검출)

【답】④

21 C.V.C.F의 용도는 다음 중 어느 것인가?

① 자동전압 조정기
② 정전압 및 정주파수 장치
③ 콘덴서 트립 장치
④ 실리콘형의 정류기

해설 CVCF(Constant Voltage Constant Frequency) : 정전압 정주파수 장치 【답】②

CHAPTER 06 피뢰설비 및 접지

피뢰기(Lighting Arrestor, LA)·피뢰시스템·접지·접지 저감제

피뢰기(Lighting Arrestor, LA)

피뢰기는 이상전압이 내습하면 대지로 방전하고 그 속류를 차단하는 장치로 이상전압의 파고값을 저감시켜 기기를 보호하는 설비로서 직렬갭과 특성요소로 구성된다.
여기서, 속류는 방전전류에 이어 전원으로부터 공급되는 상용주파수의 전류가 직렬갭을 통하여 대지로 흐르는 전류를 말한다.

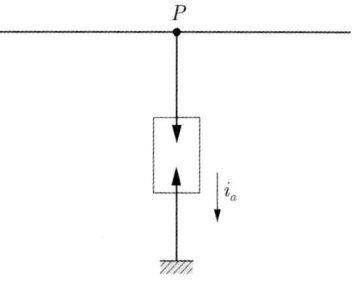

1 피뢰기의 구성

① 직렬갭 : 이상전압 내습 시 뇌전압을 방전하고 그 속류를 차단

② 특성요소 : 피뢰기 자체 전위상승 억제
- 갭형 피뢰기 : 탄화규소(Sic)
- 갭리스형 피뢰기 : 산화아연(ZnO)

③ 쉴드링 : 전·자기적인 충격완화

④ 아크가이드 : 방전개시시간 지연 방지

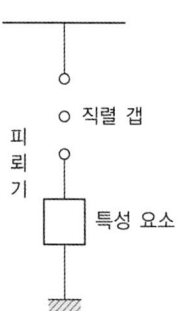

2 피뢰기가 구비해야 할 조건
- 상용주파 방전 개시 전압이 높을 것
- 충격 방전 개시 전압이 낮을 것
- 제한 전압이 낮을 것
- 속류 차단 능력이 우수할 것
- 내구성이 우수할 것

3 피뢰기의 정격전압

① 속류가 차단(제거)이 되는 교류의 최고전압

② 피뢰기의 정격전압

전력 계통		피뢰기 정격 전압[kV]	
공칭전압[kV]	중성점 접지 방식	변전소	배전 선로
345	유효접지	288	–
154	유효접지	144	–
66	PC접지 또는 비접지	72	–
22	PC접지 또는 비접지	24	–
22.9	3상 4선 다중접지	21	18

【주】전압 22.9[kV-Y] 이하의 배전선로에서 수전하는 설비의 피뢰기 정격전압[kV]은 배전선로용을 적용한다.

④ 피뢰기의 정격은 공칭방전전류

공칭방전전류	설치 장소	적용 조건
10,000[A]	변전소	1. 154[kV] 이상 계통 2. 66[kV] 및 그 이하 계통에서 Bank 용량이 3,000[kVA]를 초과하거나 특히 중요한 곳 3. 장거리 송전선 케이블(배전선로 인출용 단거리 케이블 제외) 및 정전축전기 Bank를 개폐하는 곳 4. 배전선로 인출측(배전 간선 인출용 장거리 케이블은 제외)
5,000[A]	변전소	66[kV] 및 그 이하 계통에서 Bank용량이 3,000[kVA] 이하인 곳
2,500[A]	선로	배전 선로

【주】전압 22.9[kV-Y] 이하 (22[kV] 비접지 제외)의 배전선로에서 수전하는 설비의 피뢰기 공칭방전전류는 일반적으로 2,500[A]의 것을 적용한다.

⑤ 피뢰기 시설장소
① 발·변전소 또는 이에 준하는 장소의 가공 전선 인입구 및 인출구
② 특고압 옥외 배전용 변압기의 고압측 및 특고압측
③ 특고압이나 고압 가공 전선로에서 공급받는 수용 장소의 인입구
④ 가공 전선로와 지중 전선로가 접속되는 곳

피뢰시스템

① **적용범위(KEC 151.1조)**

전기전자설비가 설치된 건축물·구조물로서 낙뢰로부터 보호가 필요한 것 또는 지상으로부터 높이가 20[m] 이상인 것

② **외부피뢰시스템(KEC 152조)**

① 수뢰부시스템
  가. 형식 : 돌침, 수평도체, 그물망도체의 요소 중에 한 가지 또는 이를 조합
  나. 배치 : 보호각법, 회전구체법, 그물망법 중 하나 또는 조합된 방법

② 인하도선시스템(수뢰부시스템과 접지시스템을 연결)
- 복수의 인하도선을 병렬로 구성
- 경로의 길이가 최소가 되도록 할 것
- 인하도선의 수는 2가닥 이상
- 병렬 인하도선의 최대 간격은 피뢰시스템 등급에 따라 Ⅰ·Ⅱ등급은 10[m], Ⅲ등급은 15[m], Ⅳ 등급은 20[m]

③ 수뢰도체, 피뢰침, 인하도선의 재료, 형상과 최소단면적

재료	형상	최소단면적[㎟]
구리, 주석도금한 구리	테이프형 단선	50
	원형 단선(a)	50
	연선(b)	50
	원형 단선(c)	176
알루미늄	테이프형 단선	70
	원형 단선	50
	연선	50
알루미늄합금	테이프형 단선	50
	원형 단선	50
	연선	50
	원형 단선(c)	176

④ 접지극시스템(뇌전류를 대지로 방류)
- 접지극의 재료 및 형상과 최소 치수

재료	형상	치수		
		접지봉 지름[mm]	접지도체[㎟]	접지판[mm]
구리, 주석도금한 구리	연선		50	
	원형 단선	15	50	
	테이프형 단선		50	
	파이프	20		
	판상 단선			500×500
	격자판(b)			600×600

3 내부피뢰시스템(KEC 153조)

서지보호장치의 선정

① 전기설비 : 저전압 서지 보호 장치, 저전압 배전 계통에 접속한 서지보호 장치, 저압전력 계통의 저압 서지보호장치에 의한 제품을 사용
② 전자·통신설비 : 저전압 서지보호장치, 통신망과 신호망 접속용 서지보호장치

접 지

1 접지도체(KEC 142.3.1조)

① 접지도체의 단면적

가. 큰 고장전류가 접지도체를 통하여 흐르지 않을 경우 접지도체의 최소 단면적
- 구리 : 6[mm²] 이상
- 철제 : 50[mm²] 이상

나. 접지도체에 피뢰시스템이 접속되는 경우
- 구리 : 16[mm²] 이상
- 철 : 50[mm²] 이상

② 접지도체의 굵기

가. 특고압·고압 전기설비용 접지도체 : 6[mm²] 이상의 연동선

나. 중성점 접지용 접지도체 : 16[mm²] 이상의 연동선
- 예외 : 6[mm²] 이상의 연동선 사용
  - 7[kV] 이하의 전로
  - 사용전압이 25[kV] 이하인 특고압 가공전선로(단, 중성선 다중접지식의 것으로서 전로에 지락이 생겼을 때 2초 이내에 자동적으로 이를 전로로부터 차단하는 장치가 되어 있는 것)

2 접지극의 종류

- 동판 : 두께 0.7[mm] 이상, 면적 900[cm²] 이상
- 동봉, 동피복강봉 : 지름 8[mm] 이상, 길이 0.9[m] 이상
- 철봉 : 지름 12[mm] 이상, 길이 0.9[m] 이상의 아연도금 철봉
- 동복강판 : 두께 1.6[mm] 이상, 길이 0.9[m] 이상, 면적 250[cm²] 이상
- 탄소피복강봉 : 지름 8[mm] 이상 인 강심, 길이 0.9[m] 이상

접지 저감제

1 접지 저감제의 구비 조건

① 지속성이 있을 것(반영구적일 것)
② 전극을 부식시키지 않을 것
③ 전기적으로 양도체(良導體)일 것
④ 안전할 것

2 접지저항 저감제용 체류제

접지저항 저감제로서 필요한 성분은 물을 다량으로 함유하고 또 이것을 쉽사리 빠지게 하지 않는 성분 적토, 벤트나이트

3 **접지 저감제 시공법**

① 수반법 : 접지전극 부근의 대지에 저감제를 뿌리는 방법

② 구법 : 접지전극 주위에 고리모양으로 홈을 파서 그 속에 저감제를 유입시키는 방법

③ 보링법 : 막대모양의 전극대신에 선모양, 띠모양 전극을 포설하는 것
구멍을 뚫어 전극을 설치한 후 그 속에 저감제를 유입시키는 방법

④ 타입법 : 막대 모양의 전극에 타입할 구멍에 저감제를 유입시키는 방법

이론 요약

① 피뢰설비
- 전기전자설비가 설치된 건축물·구조물로서 낙뢰로부터 보호가 필요한 것 또는 지상으로부터 높이가 20[m] 이상인 것
- 전기설비 및 전자설비 중 낙뢰로부터 보호가 필요한 설비

② 외부피뢰 시스템(피뢰침)
- 수뢰부 : 돌침, 수평도체, 그물망도체의 요소 중에 한 가지 또는 이를 조합
- 인하도선시스템(수뢰부시스템과 접지시스템을 전기적으로 연결)
- 대지로 흐르게 하는 접지극
- 수뢰부, 피뢰침, 인하도선의 재료, 형상과 최소단면적
  - 구리, 주석도금한 구리, 알루미늄, 용융아연도금강 : 연선 50[㎟]
- 접지극의 재료 및 형상과 최소 치수
  - 구리, 주석도금한 구리 : 연선 50[㎟]
  - 나강 : 연선 70[㎟]
- 접지극의 종류(내선 규정 상)
  - 동판 : 두께 0.7[mm] 이상, 면적 900[㎠] 이상
  - 동봉, 동피복강봉 : 지름 8[mm] 이상, 길이 0.9[m] 이상
  - 철봉 : 지름 12[mm] 이상, 길이 0.9[m] 이상의 아연도금 철봉
  - 동복강판 : 두께 1.6[mm] 이상, 길이 0.9[m] 이상, 면적 250[㎠] 이상
  - 탄소피복강봉 : 지름 8[mm] 이상인 것심, 길이 0.9[m] 이상
- 피뢰기의 목적 및 기능
  - 기능 : 이상전압을 대지로 방전시키고 그 속류를 차단
  - 정격 전압 : 속류를 차단하는 교류의 최고전압
  - 제한 전압 : 피뢰기 동작 중 피뢰기 단자에 걸리는 교류 최고전압

전력 계통		피뢰기 정격 전압 [kV]	
공칭전압 [kV]	중성점 접지 방식	변전소	배전 선로
345	유효접지	288	–
154	유효접지	144	
66	PC접지 또는 비접지	72	
22	PC접지 또는 비접지	24	
22.9	3상 4선 다중접지	21	18

【주】전압 22.9[kV-Y] 이하의 배전선로에서 수전하는 설비의 피뢰기 정격전압[kV]은 배전선로용을 적용한다.

- 피뢰기 시설장소
  - 발·변전소 또는 이에 준하는 장소의 가공 전선 인입구 및 인출구
  - 특고압 옥외 배전용 변압기의 고압측 및 특고압측
  - 특고압이나 고압 가공 전선로에서 공급받는 수용 장소의 인입구

- 가공 전선로와 지중 전선로가 접속되는 곳
③ 접지저감제
- 구비 조건
  - 지속성이 있을 것(반영구적일 것)
  - 전극을 부식시키지 않을 것
  - 전기적으로 양도체(良導體, 양호한 도체)일 것
  - 안전할 것
- 접지저항 저감제용 체류제
  - 접지저항 저감제로서 필요한 성분은 물을 다량으로 함유하고 또 이것을 쉽사리 빠지게 하지 않는 성분.
  - 적토, 벤트나이트(팽윤선이 풍부한 점토의 일종)
- 시공법
  - 수반법 : 접지전극 부근의 대지에 저감제를 뿌리는 방법
  - 구법 : 접지전극 주위에 고리모양으로 홈을 파서 그 속에 저감제를 유입시키는 방법
  - 보링법 : 막대모양의 전극대신에 선모양, 띠모양 전극을 포설하는 것. 구멍을 뚫어 전극을 설치한 후 그 속에 저감제를 유입시키는 방법
  - 타입법 : 막대 모양의 전극에 타입할 구멍에 저감제를 유입시키는 방법

06 필수 기출문제

꼭! 나오는 문제만 간추린

01 가공전선로의 뇌해를 방지하는 것은?
① 아킹 혼 ② 현수애자
③ 접지봉 ④ 가공지선

해설 가공지선 : 직격뢰, 유도뢰 차폐 　【답】 ④

---

02 특고압 가공 전선로에서 공급을 받는 수전용 변전소에 시설하는 피뢰기의 피보호기의 제1대상이 되는 것은 어떤 기기인가?
① 전력용 변압기 ② 계전기
③ 전력용 콘덴서 ④ 차단기

해설 피뢰기(L.A) : 이상 전압의 파고값을 저감시켜 기기(변압기)를 보호 　【답】 ①

---

03 피뢰기의 주요 구성 요소는 어떤 것인가?
① 특성 요소와 콘덴서 ② 특성 요소와 직렬 갭
③ 소호리액터 ④ 특성 요소와 소호리액터

해설 피뢰기의 구성요소
- 직렬갭 : 이상전압 내습 시 대지로 방전하고 그 속류를 차단
- 특성요소 : 피뢰기 자체 전위상승 억제 　【답】 ②

---

04 고압 및 특고압의 전로 중 발·변전소의 가공 전선 인입구 및 인출구에 설치할 시설은?
① 저항기 ② 피뢰기
③ 퓨즈 ④ 과전류 차단기

해설 피뢰기의 시설장소
- **발·변전소 또는 이에 준하는 장소의 가공 전선 인입구 및 인출구**
- 특고압 옥외 배전용 변압기의 고압측 및 특고압측
- 특고압이나 고압 가공 전선로에서 공급받는 수용 장소의 인입구
- 가공 전선로와 지중 전선로가 접속되는 곳 　【답】 ②

---

05 피뢰기 자체의 고장이 계통사고에 파급되는 것을 방지하기 위한 장치는?
① 디스커넥터 ② 압소바
③ 커넥터 ④ 어레스터

해설 디스커넥터(Disconnector)
- **피뢰기를 선로로부터 신속하게 분리시켜 피뢰기 자체의 고장이 계통사고에 파급되는 것을 방지하기 위한 장치**
- 22.9[kV·Y]용 피뢰기에 Disconnector나 Isolator 붙임형을 사용 　【답】 ①

06 고전압 피뢰기의 방전 개시 시간의 지연을 방지하기 위하여 부착되는 것은?

① 아크 가이드
② 실드링
③ 직렬갭
④ 분로 저항

해설 피뢰기의 구성요소
- 직렬갭 : 이상전압 내습 시 대지로 방전하고 그 속류를 차단
- 특성요소 : 방전전류의 크기 제한
- 실드링 : 전·자기적인 충격 완화
- 아크 가이드 : 피뢰기의 방전 개시 시간의 지연을 방지

【답】①

07 피뢰기의 접지도체에 사용하는 동도체의 단면적은 최소 몇 [mm²] 이상인가?

① 2.5
② 4
③ 6
④ 16

해설 (KEC 142.3.1조) 접지도체
접지도체에 피뢰시스템이 접속되는 경우 접지도체의 최소 단면적
- 구리 : 16[mm²] 이상
- 철제 : 50[mm²] 이상

【답】④

08 접지도체의 선정 시에 큰 고장전류가 접지도체를 통하여 흐르지 않을 경우, 접지도체가 철제일 경우의 최소 단면적은 얼마인가?

① 10[mm²]
② 16[mm²]
③ 25[mm²]
④ 50[mm²]

해설 (KEC 142.3.1조) 접지도체
큰 고장전류가 접지도체를 통하여 흐르지 않을 경우 접지도체의 최소 단면적
- 구리 : 6[mm²] 이상
- 철제 : 50[mm²] 이상

【답】④

09 접지도체를 전선관에 접속할 때 사용하는 재료는?

① 엔드 캡
② 어스 클립
③ 터미널 캡
④ 픽스처 히키

해설 어스클립(Earth clip) : 접지도체를 전선관에 접속할 때 사용하는 재료

【답】②

10 ★★★★★ 접지도체의 선정 시에 큰 고장전류가 접지도체를 통하여 흐르지 않을 경우, 접지도체가 구리(동)일 경우의 최소 단면적은 얼마인가?

① 2.5[mm²]
② 6[mm²]
③ 8[mm²]
④ 16[mm²]

해설 (KEC 142.3.1조) 접지도체
큰 고장전류가 접지도체를 통하여 흐르지 않을 경우 접지도체의 최소 단면적
- 구리 : 6[mm²] 이상
- 철제 : 50[mm²] 이상

【답】②

11 접지도체의 선정 시에 특고압·고압 전기설비용 접지도체의 최소 단면적[mm²]은?

① 2.5
② 6
③ 10
④ 16

해설 접지도체의 굵기
- 특고압·고압 전기설비용 접지도체 : 6[mm²] 이상의 연동선
- 중성점 접지용 접지도체 : 16[mm²] 이상의 연동선

【답】 ②

12 접지도체의 선정 시에 중성점 접지용 접지도체의 최소 단면적은 얼마인가?

① 2.5[mm²]
② 6[mm²]
③ 10[mm²]
④ 16[mm²]

해설 접지도체의 굵기
- 특고압·고압 전기설비용 접지도체 : 6[mm²] 이상의 연동선
- 중성점 접지용 접지도체 : 16[mm²] 이상의 연동선

【답】 ④

13 접지공사 시 접지저항을 감소시키기 위하여 사용되는 저감제는 다음 중 어느 것인가?

① 백필(흑연분말과 코크스 분말의 혼합물)
② 동판 및 동봉
③ 가열 왁스
④ 아스팔트 마스틱

해설 접지 저감제 [백필(흑연분말과 코크스 분말의 혼합물)]의 구비 조건
- 지속성이 있을 것(반영구적일 것)
- 전극을 부식시키지 않을 것
- 전기적으로 양도체일 것
- 안전할 것

【답】 ①

14 다음 중 수뢰부로 하는 것을 목적으로 공중에 놀출하게 한 봉상(棒狀)금속체를 무엇이라 하는가?

① 돌침
② 케이지
③ 접지극
④ 용마루

해설 수뢰부시스템 형식 : 돌침, 수평도체, 그물망도체의 요소 중에 한 가지 또는 이를 조합

【답】 ①

15 ★★★★★ 돌침(수뢰도체)의 재료가 아닌 것은?

① 구리
② 알루미늄
③ 아연도금한 알루미늄
④ 용융아연도금강

해설 돌침(수뢰도체)의 재료
- 구리
- 알루미늄
- 용융아연도금강

【답】 ③

16 ★★★★★ 수뢰침, 피뢰침, 인하도선의 연선의 최소단면적[mm²]은 구리(동)인 경우는 얼마인가?

① 35[mm²]
② 50[mm²]
③ 70[mm²]
④ 150[mm²]

해설 수뢰침, 피뢰침, 인하도선의 재료, 형상과 최소단면적

재료	형상	최소단면적[mm²]
구리, 주석도금한 구리	테이프형 단선	50
	원형 단선	50
	연선	50
	원형 단선	176

【답】②

17 피뢰침에서 돌침부의 돌침은 지름 몇 [mm] 이상의 봉 또는 동등 이상의 강도 및 성능이 있는 것을 사용하는가?

① 10　　　　　　　　　　　　② 12
③ 15　　　　　　　　　　　　④ 20

해설 피뢰방식 중 돌침방식
돌침부의 돌침은 공중에 돌출시킨 수뢰부이며, 동, 내식 알루미늄 또는 용융아연도금을 실시한 철강을 사용하며, 지름 12[mm] 이상의 봉 또는 동등 이상의 강도 및 성능이 있는 것을 사용한다.

【답】②

18 피뢰시설의 접지극은 구리(동)로 연선인 경우 최소단면적[mm²]은 얼마인가?

① 35　　　　② 50　　　　③ 70　　　　④ 150

해설 접지극의 재료, 형상과 최소치수

재료	형상	치수		
		접지봉 지름[mm]	접지도체[mm²]	접지판[mm]
구리, 주석도금한 구리	**연선**		50	
	원형 단선	15	50	
	테이프형 단선		50	
	파이프	20		
	판상 단선			500×500
	격자판			600×600

【답】②

19 KS C IEC 62305-3에 따라 수뢰부시스템에서 수뢰도체의 재료를 알루미늄합금, 형상을 연선으로 하였을 때 최소 단면적[mm²]은?

① 176　　　　　　　　　　　　② 30
③ 50　　　　　　　　　　　　　④ 70

해설 (KEC 152조) 외부피뢰시스템
수뢰침, 피뢰침, 인하도선의 재료, 형상과 최소 단면적

재료	형상	최소단면적[mm²]
알루미늄합금	테이프형 단선	50
	원형 단선	50
	연선	50
	원형 단선(c)	176

【답】③

20 접지 저감제의 구비 조건 중 틀린 것은?
① 지속성이 없을 것
② 전극을 부식시키지 않을 것
③ 전기적으로 양도체일 것
④ 안전할 것

해설 접지 저감제의 구비 조건
- **지속성이 있을 것(반영구적일 것)**
- 전극을 부식시키지 않을 것
- 전기적으로 양도체일 것
- 안전할 것

【답】①

21 다음 접지 저감제의 시공법 중 접지전극 부근의 대지에 저감제를 첨가하는 방법은?
① 타입법
② 보링법
③ 수반법
④ 구법

해설 수반법 : 접지전극 부근의 대지에 저감제를 뿌리는 방법

【답】③

22 접지극의 재료에서 접지 전극의 재료가 아닌 것은?
① 알루미늄봉
② 동봉
③ 동판
④ 철관

해설 접지극의 종류
- 동판 : 두께 0.7[mm] 이상, 면적 900[cm²] 이상
- 동봉, 동피복강봉 : 지름 8[mm] 이상, 길이 0.9[m] 이상
- 철관 : 외경 25[mm] 이상, 길이 0.9[m] 이상의 아연도금 가스철관 또는 후강전선관
- 철봉 : 지름 12[mm] 이상, 길이 0.9[m] 이상의 아연도금 철봉
- 동복강판 : 두께 1.6[mm] 이상, 길이 0.9[m] 이상, 면적 250[cm²] 이상
- 탄소피복강봉 : 지름 8[mm] 이상인 강심, 길이 0.9[m] 이상
- 철관 : 외경 25[mm] 이상, 길이 0.9[m] 이상의 아연도금 가스철관 또는 후강전선관일 것

【답】①

23 접지극으로 사용하는 동봉, 철관, 철봉, 탄소 피복 강봉의 길이는 얼마 이상으로 되어야 하는가?
① 30[cm]
② 60[cm]
③ 75[cm]
④ 90[cm]

해설 접지극의 종류
- 동판: 두께 0.7[mm] 이상, 면적 900[cm²] 이상
- **동봉, 동피복강봉 : 지름 8[mm] 이상, 길이 0.9[m] 이상**
- **철봉 : 지름 12[mm] 이상, 길이 0.9[m] 이상의 아연도금 철봉**
- 동복강판 : 두께 1.6[mm] 이상, 길이 0.9[m] 이상, 면적 250[cm²] 이상
- **탄소피복강봉 : 지름 8[mm] 이상인 강심, 길이 0.9[m] 이상**

【답】④

CHAPTER 07 전기재료

도전재료(導電材料) · 절연물의 최고 허용온도 · 절연유의 구비조건 · 리노 테이프 · 전기기기의 자심 재료의 구비 조건

도전재료(導電材料)

도전재료는 전류가 흐르는 것을 목적으로 하는 재료로서 구비조건은 다음과 같다.
- 도전율이 클 것
- 기계적 강도가 클 것
- 인장강도가 클 것
- 가요성이 클 것
- 내부식성이 클 것

절연물의 최고 허용온도

전기기기의 권선 및 기타 도전부분의 절연은 그 구성 재료에 따라 다음과 같이 분류되며 그 종별에 따라 온도상승도가 정해져 있다.

절연물의 최고 허용온도

절연재료	Y	A	E	B	F	H	C
최고 허용온도(단위 : ℃)	90	105	120	130	155	180	180[℃] 초과

절연유의 구비조건

변압기에 사용하는 광유는 공기에 비해 절연내력이 우수하고 비열이 공기에 비해 커서 냉각효과가 우수하므로 변압기의 절연 및 냉각재로 많이 사용된다.

절연유의 구비조건은 다음과 같다.
- 절연내력이 클 것
- 점도가 낮고, 냉각효과가 클 것
- 인화점은 높고, 응고점은 낮을 것
- 고온에서 산화하지 않고, 석출물이 생기지 않을 것

리노 테이프

면(綿) 테이프의 양면에 바니스를 칠하여 건조시킨 것으로서 트랜스의 권선층(捲線層) 사이나 인출선 부분 등에 삽입하는 절연 테이프로서 내유성, 내온성이 우수

전기기기의 자심 재료의 구비 조건

전기기기의 자심재료의 구비조건은 다음과 같다.
- 투자율이 클 것
- 포화 자속밀도가 클 것
- 보자력이 작을 것
- 잔류자기가 클 것
- 포화 자속밀도가 클 것
- 저항률이 클 것
- 기계적, 전기적 충격에 대하여 안정할 것

이론 요약

① 절연물의 최고 허용 온도

종류	Y	A	E	B	F	H	C
허용 온도[℃]	90	105	120	130	155	180	180 초과

② 변압기유(절연유) 구비 조건
- 절연내력이 크고, 인화점이 높고, 응고점이 낮을 것
- 고온에서 산화되지 말 것
- 점도가 낮고 비열이 커서 냉각 효과가 클 것

③ 리노테이프 : 절연 테이프로서 내유성, 내온성이 우수

④ 자심 재료의 구비조건
- 투자율이 클 것
- 포화 자속 밀도가 클 것
- 보자력이 작을 것
- 잔류자기가 클 것
- 저항률이 클 것
- 기계적, 전기적 충격에 대하여 안정할 것

⑤ 저항률이 큰 순서 : 납 〉 백금 〉 텅스텐 〉 마그네슘

CHAPTER 07 필수 기출문제

꼭! 나오는 문제만 간추린

---

01 도전재료(導電材料)로서 구비해야 할 조건은?

① 도전율(導電率)이 클 것
② 인장 강도가 적을 것
③ 가요성(可撓性)이 적을 것
④ 내식성(耐蝕性)이 작을 것

해설 도전재료(導電材料) : 전류가 흐르는 것을 목적으로 하는 재료
도전재료의 구비조건
- 도전율이 클 것
- **가요성이 클 것**
- 기계적 강도가 클 것
- 인장강도가 클 것
- 내부식성이 클 것

【답】①

---

02 20[Ω]의 전압선 1개를 100[V]에 사용하면 개폐기의 절환으로 몇 [W]의 전력이 소비되는가?

① 400　　② 500　　③ 650　　④ 750

해설 소비전력 $P = I^2 R = \dfrac{V^2}{R} = \dfrac{100^2}{20} = 500[\text{W}]$

【답】②

---

03 ★★★★★ 재료 중 저항률이 가장 큰 것은?

① 백금
② 텅스텐
③ 납
④ 마그네슘

해설 저항률이 큰 순서
납 > 백금 > 텅스텐 > 마그네슘

【답】③

---

04 열 절연 재료로 쓰여지고 있지 않은 것은?

① 운모
② 석면
③ 탄화 실리콘
④ 자기

해설 열 절연 재료 : 운모, 석면, 자기 등의 무기재료

【답】③

---

05 ★★★★★ 전기기기의 자심 재료의 구비 조건에 옳지 않은 것은?

① 보자력 및 잔류 자기가 클 것
② 투자율이 클 것
③ 포화 자속밀도가 클 것
④ 고유 저항이 클 것

해설 자심 재료의 구비조건
- 투자율이 클 것
- 포화 자속밀도가 클 것
- **보자력이 작을 것**
- 잔류자기가 클 것
- 저항률이 클 것
- 기계적, 전기적 충격에 대하여 안정할 것

【답】①

06 변압기의 절연 종별에서 E종 절연의 최고 허용온도[℃]는?

① 155 ② 120
③ 105 ④ 90

해설 절연물의 최고 허용온도

종류	Y	A	E	B	F	H	C
허용온도[℃]	90	105	120	130	155	180	180 초과

【답】②

07 H종 건식 변압기는 허용 온도 최고 섭씨 몇 도에서 견딜 수 있는 절연 재료로 구성된 변압기인가?

① 55[℃] ② 100[℃]
③ 180[℃] ④ 200[℃]

해설 절연물의 최고 허용온도

종류	Y	A	E	B	F	H	C
허용온도[℃]	90	105	120	130	155	180	180 초과

【답】③

08 절연재료에 있어서 직접적인 열화의 가장 큰 원인은?

① 유전손 ② 이온 도전성
③ 온도 상승 ④ 자외선

해설 절연재료에 있어서 직접적인 열화의 가장 큰 원인은 온도 상승이다.

【답】③

09 액체 절연 재료의 구비 조건이 아닌 것은?

① 열팽창 계수가 적을 것 ② 비열, 열전도율이 클 것
③ 절연내력, 절연 저항이 클 것 ④ 인화점이 높고 응고점이 낮을 것

해설 절연유의 구비조건
- 절연내력이 클 것
- 점도가 적고 비열이 커서 냉각 효과가 클 것
- 인화점은 높고, 응고점은 낮을 것
- 고온에서 산화하지 않고, 침전물이 생기지 않을 것

【답】①

10 변압기유로 쓰이는 절연유에 요구되는 특성이 아닌 것은?

① 절연내력이 클 것 ② 점도가 클 것
③ 인화점이 높을 것 ④ 비열이 커서 냉각 효과가 클 것

해설 절연유는 **점도가 적고** 비열이 커서 냉각 효과가 커야 한다.

【답】②

11 변압기 철심으로 사용하는 보통 전력용 규소강판의 두께는?

① 약 0.15[mm] ② 약 0.35[mm]
③ 약 0.25[mm] ④ 약 0.75[mm]

해설 변압기 철심 규소강판의 두께 : 0.35~0.5[mm]

【답】②

12 배전선의 애자, 차단기, 콘덴서의 애관, 변압기의 부싱에 사용되는 자기는?
① 장석자기　　　　　　　　　　② 마그네시아자기
③ 알루미나자기　　　　　　　　④ 산화티탄자기

해설 장석자기 : 전기적인 절연성 및 강도가 크고 내열성이 있어 배전선의 애자, 차단기, 콘덴서의 애관, 변압기의 부싱에 사용
【답】①

13 다음 중 콘덴서로 주로 사용하는 것은?
① 산화티탄 자기　　　　　　　② 장석 자기
③ 알루미나 자기　　　　　　　④ 스티어타이트 자기

해설 콘덴서로 주로 사용하는 것은 산화티탄 자기이다.
【답】①

14 전기기기 권선 등의 절연용으로 주로 사용되는 테이프는 다음 중 어느 것인가?
① 리노 테이프　　　　　　　　② 면 테이프
③ 고무 테이프　　　　　　　　④ PVC 테이프

해설 리노 테이프
면(綿) 테이프의 양면에 바니스를 칠하여 건조시킨 것으로서 트랜스의 권선층(捲線層) 사이나 인출선 부분 등에 삽입하는 절연 테이프로서 내유성, 내온성이 우수
【답】①

15 금속 재료 중 용융점(熔融點)이 제일 높은 것은?
① 백금(Pt)　　　　　　　　　　② 이리듐(Ir)
③ 몰리브덴(Mo)　　　　　　　 ④ 텅스텐(W)

해설 금속재료의 용융섬
- 백금(Pt) : 1,755[℃]
- 이리듐(Ir) : 2,350[℃]
- 몰리브덴(Mo) : 2,620[℃]
- 텅스텐(W) : 3,370[℃]

【답】④

16 회로 및 부하를 보호할 목적으로 사용하는 퓨즈용 재료가 아닌 것은?
① 아르곤(Ar)　　　　　　　　　② 안티몬(Sb)
③ 납(Pb)　　　　　　　　　　　④ 주석(Sn)

해설 퓨즈용 재료 : 주석, 구리, 은, 알루미늄, 아연, 납-안티몬 합금
【답】①

17 고온 및 내유성이 강한 절연 테이프는 어느 것인가?
① 자기용 압착 테이프　　　　　② 면 테이프
③ 고무 테이프　　　　　　　　 ④ 리노 테이프

해설 리노 테이프
면(綿) 테이프의 양면에 바니스를 칠하여 건조시킨 것으로서 트랜스의 권선층(捲線層) 사이나 인출선 부분 등에 삽입하는 절연 테이프로서 내유성, 내온성이 우수
【답】④

18 ***** KS C 8000에서 감전 보호와 관련 기구의 종류(등급)를 나누고 있다. 그에 따른 기구의 설명이 옳지 않은 것은?

① 등급 Ⅲ 기구 : 정격전압이 교류 30[V] 이하인 전압의 전원에 접속하여 사용하는 기구
② 등급 Ⅰ 기구 : 기초절연만으로 전체를 보호한 기구로서 보호 접지단자를 가지는 기구
③ 등급 0 기구 : 기초절연으로 일부분을 보호한 기구로서 접지단자를 가지고 있는 기구
④ 등급 Ⅱ 기구 : 2중 절연을 한 기구

해설 KSC 8000 용어의 정의
- 0급 기구 : 기본예방조치로 **기초절연과 고장예방용 조치가 없는 기구**
- Ⅰ급 기구 : 기초절연만으로 전체를 보호한 기구로서 보호 접지단자를 가지고 있는 기구
- Ⅱ급 기구 : 2중 절연을 한 기구
- Ⅲ급 기구 : 정격전압이 교류 30[V] 이하인 전압의 전원에 접속하여 사용하는 기구

【답】③